コンピュータビジョン最前線

CV

Winter 2023

一人称ビジョン・拡散モデル

巻頭言：**岡野原大輔**

イマドキノ 一人称ビジョン：**八木拓真**

フカヨミ Stable Diffusionと脳活動：**高木　優・西本伸志**

フカヨミ 音響情報のCV応用：**柴田優斗**

フカヨミ 潜在空間で画像編集：**青嶋雄大・松原　崇**

ニュウモン 拡散モデル：**石井雅人・早川顕生**

君も魔法をかけてみよう！：**春嵐**

共立出版

Contents

巻頭言 Winter 2023

並列と逐次の知能処理

■岡野原大輔

研究の進歩が加速する中で研究者はどのように対応するのか

コンピュータビジョンや AI の進歩は加速している。研究者や実用化に取り組む人々が，この急激な変化にどのように対応していくのかを考えることは重要である。

進歩の速度を示す指標は多岐にわたるが，発表される論文数で見ると，指数的に伸び続けている。例として，10 年前の CVPR2013 での採択論文数は 472 だったが，CVPR2023 では 2,359 に増加した。また，プレプリントサーバーの arXiv の月ごとの投稿数も，2013 年 5 月の 7,000 から 2023 年 5 月には 2 万を超えた。つまり，10 年間で発表論文数は数倍から 10 倍近くに増加した[1]。

[1] 同様に，国際学会への参加者数や大学での授業数などから推定するに，こうした分野に携わる研究者の数は数倍から 10 倍以上増加していると思われる。

しかし，個人の能力をこのように指数的に伸ばすことは難しく，研究コミュニティ全体の進歩に個人の成長，もしくは変化が追いつかなくなる。たとえば私は，毎日数本の論文を読む生活を学生時代から 20 年近く継続しており，20 年前なら，このペースで読み進めていれば，対象分野の研究を網羅できている感覚をもつことができたが，10 年前からその感覚は薄れ，最近ではたまたま目にとまった論文のみを読んでいる感覚である。こうした感覚をもっているのは私だけではない。私は会社のテクニカルアドバイザーや，共同研究を通じて，多くの研究者と交流している。その中で分野を代表するトップレベルの研究者であっても，自分の分野のすべての進展を把握しきれていないことが増えている。ただ，それでもこうした研究者は他の多くの人たちよりは速くトレンドをキャッチし，適応し，顕著な成果を挙げている。

もちろん，最先端の研究を追い続けているだけでは意味は乏しく，他者がまだ取り組んでいない独自の研究テーマを追求することが重要である。しかし，こうした独自性のある新しい研究も，既存の研究成果に基づいていることが不可欠である。また，どれだけ独自性がある新しいことをやっているつもりでも，世界中で似たような研究が進行中であることは少なくなく，そうしたところと協力しつつ競争する中で研究は進化していく。

5年後，10年後に重要な研究

次の5年，10年後に重要となるインパクトのある研究は，すでに世の中に登場している可能性が非常に高い。実際，5年前，10年前がどうだったのかを考えてみよう。

約5年前のこととして，2017年にTransformerが提案され，2018年に自然言語処理の大規模事前学習（BERT）が登場した。VisionタスクでTransformerが使われるようになるのは，2020年頃である[2)]。また，生成モデルでGANが本格的に注目され始めたのは約5年前だが，現在使われる拡散モデルは，当時まだ登場していない。これらは2019年にデノイジングスコアマッチング，2020年にDDPMが登場し，本格的に使われるようになった。また，2018年に微分可能レンダリングが初めて登場し（3Dメッシュ向けなど），2020年にNeRFが登場した。

2) 同様に，CVからNLPや他分野に輸出されていった研究も多い。近年ではドメイン固有の手法やモデルはほぼなくなって，分野間の境界がなくなったといえるだろう。

さらに10年前まで遡ると，ディープラーニングが登場した2013年頃は，今の重要な仕組み（注意機構，スキップ接続，正規化層）は未発見であった。ニューラルネットワークの学習自体が難しく，多くの研究者はC++で誤差逆伝播法の実装を直接書くか，Torch（今のPyTorchの前身でLuaで実装が必要）やTheanoを学んでコーディングしていた。

このように5年，10年で起きる変化は大きいが，一方でその萌芽は5年前，10年前に確実に見つけることができる。

5年前に登場したBERT，VAE/GAN，微分可能レンダリングが，今のChatGPT，拡散モデル，NeRFに繋がっているといえるだろう。つまり，優れた萌芽的な研究は，5年経つと，数百万人から数億人といった単位の世界中のユーザーが使う可能性がある技術にもなりうる。

さらに10年後に重要になっている研究も，現在でその萌芽は確実にあるだろう。今の大規模基盤モデルやマルチモーダル基盤モデル，あるいはそれらの一部分が，そういうものになるかもしれないし（たとえば，なぜモーダル間の翻訳ができるのか，大量の学習が必要なのかなどは重要な問題だが，それらもすでに解くためのアプローチが登場しているかもしれない），ディープラーニングとはまったく関係のない，ほとんど注目されていない研究がそれに当たるかもしれない。このようなレベルの萌芽的な研究を見つけることが重要となるだろう。

並列的なコミュニティの進歩と，逐次的な人間の知能処理

近年，研究成果が論文，コード，モデルの形でオープンかつリアルタイムに共有されるようになってきた。世界中のさまざまな研究者や研究グループが多様なアイディアを試し，それらの成果を同時多発的に並列に発表している。それに対し，人々は情報を逐次的にしか理解することができない。大量の情報の

出現にわれわれは追いつくことができず，消化不良の状態が続いている。この問題は今後さらに深刻化すると考えられる。

このようにすべての研究を網羅することが難しくなっていくと，どの研究が重要であるか，各研究がどのような関連をもっているのかを把握していくことが不可欠となる。そして，この実現にあたっては研究者の鍛えられた直感が重要である。優れた研究者は軒並み優れた視点，観察力，考察力をもっている。私は OpenReview のようなレビューが公開されている場合には，論文よりもレビューのほうに重点を置いて読むことが多い。そこには重要な視点や観察，考え方が盛り込まれている。

さらに，重要な研究を生み出すには，単に人と違うことをするだけではなく，重要な成果に繋がる違いを見出す必要がある。人と違うことをすること自体は簡単だが，そのほとんどは重要な成果に到達することはない。ここでも優れた直感が重要になるため，こうした感性を鍛えていく必要がある。私もさまざまな研究者と会話する際に，彼らの鋭い意見や，私とは異なる視点からの考え方に学ぶことは多い。特に自分の専門分野以外の研究者と話したときに，気づかされる事柄が多い。本書のように，現在の研究をさまざまな角度から解説し，考察を提供する本は，大きな価値を与える。

ビジョンから並列処理の方法を獲得できるか

最後に，コンピュータビジョン誌の巻頭言として，ビジョン（視覚）の情報処理としての特性に触れたい。視覚は，並列処理が可能な情報処理の代表であり，実際に多くの情報を扱うことができる。たとえば，たくさん人がいる中から知り合いを見つけ出せるし，全体の情報から詳細な物体境界を認識できる。このように周辺視野と中心視野をうまく組み合わせて，膨大な量の情報を処理できる。この巻頭言の前半では，大量の情報が生成されていく中で研究者が対応できないという話をした。この究極的な原因の1つは，情報が並列に生成されるのに対し，人間は情報を逐次的にしか処理できないというギャップがあることである。もし人間が視覚と同様に，他の情報についても並列に情報処理をすることができたら，どのような可能性が広がるだろうか[3)]。たとえ人間が無理だとしても，言語やその思考を扱えるようになった AI が，人間には不可能だった言語やその他の情報を並列に処理できるような仕組みを実現できるとしたらどうなるだろうか。この問いは興味深い。視覚と同様の形で大量の論文や会話を並列に読み解き，それをまた並列に出力できるようになった場合にどのような知能が実現できるだろうか。

[3)] たとえば強化学習では，複数のセンサ，アクチュエータをもち，並列に考えることができるエージェントがすでに多く使われている。

おかのはら だいすけ（Preferred Networks）

イマドキノ 一人称ビジョン
「私」の目から見える世界を理解する技術

■八木拓真

1　はじめに：なぜ一人称ビジョンなのか

CV 技術を用いた人の行動理解は，長年「監視」のメタファーによって発展してきました。人は監視や観察の対象であり，街頭や屋内の隅に設置された防犯カメラの映像や，テレビカメラやハンディカメラで意図をもって撮影した映像が主な解析対象とされてきました。このパラダイムは，人をその人自身の文脈とは関係のない**第三者**の視点から見るものと考えることができます。こうした**三人称視点**より撮影した映像からは，映っている人物の属性や行動，行き先などの大まかな情報を認識することはできますが，それらはあくまでそのカメラの設置場所を中心とした環境を認識するためのもので，その人自身を中心としてその詳細な意図や行動を理解するには最適な設定とはいえませんでした。

人の行動を外部の観察者としてではなく，内から見られないだろうか？ 本稿のテーマである**一人称ビジョン**（egocentric vision; first-person vision[1)]）は，人の身体に軽量小型のウェアラブルカメラを装着し，装着者自身の視点から見た映像を撮影することで，自身およびその周辺の環境を理解することを目指します。図 1，図 2 にウェアラブルカメラおよびその装着例を示します。

[1)] egocentric の原意は「自己中心的な/利己的な」。どちらの英語表現もほぼ同じ意味で使われます。

一人称ビジョンの歴史は約 15 年と CV 分野の中では比較的浅いですが，VR・

図 1　ウェアラブルカメラの例（GoPro HERO7 Black）

図 2　ウェアラブルカメラの装着例（[1] より引用）

ARなどに対する期待の高まりとともに徐々に注目が集まりつつあります。しかしながら，一人称ビジョンは単一の技術や問題を表す概念ではないことから，そもそも一人称ビジョンとは何か，個別の取り組みは何か，分野全体に通底する課題は何か，といった事柄がわかりづらいと，当事者ながら感じてきました。

本稿では，一人称ビジョンとは何か，なぜ一人称ビジョンを用いる必要があるのかを浅く広く紹介することを目標にします。具体的には，まず一人称ビジョンの歴史・概念（1 節）と最新のトピック（2 節）を紹介した後，一人称ビジョン研究のデータセット（3 節），課題（4 節），デバイス（5 節）および応用先（6 節）といった実践を踏まえた事柄を紹介し，読者の皆さんが本稿を読んだあと，すぐにでも一人称ビジョンの世界に飛び込める水先案内を目指します。

1.1　一人称ビジョンのなりたち

CV 技術としての一人称ビジョンの歴史は浅いものの，一人称ビジョン自体の萌芽は Vannevar Bush が 1945 年に上梓した "As we may think" [2] に遡ります。このエッセイで提案された memex という概念は，今日のハイパーテキストなどの情報検索システムに当たるものですが，個人の体験を記録する技術に関する議論の中に「その人自身が読んだ本，記録，会話などすべての情報」を記録する小型のカメラ[2] を額に装着した様子が登場します。これはまさに一人称ビジョンの考え方を体現したものといえます。

しかしながら，このアイデアは当時の技術のもとでは結実せず，実際に動くシステムとしては，1997 年に当時マサチューセッツ工科大学に在籍していた Steve Mann らによるウェアラブルコンピューティング[3] [3] の確立を待つ必要がありました。2004 年にマイクロソフトリサーチが開発した首掛け型の自動写真撮影カメラである SenseCam [4] は，健忘症の患者が過去の出来事を振り返るための記憶支援を提供し，初めて実用的なウェアラブルカメラの応用例を示

[2] 文中では「肉眼で見えるあらゆる場所にピントが合う短焦点のレンズをもち，さまざまな照度に対して自動で露出を調整する，クルミより少し大きい程度の，額につけるカメラ」とありますが，このような理想的な条件を満たすウェアラブルカメラはいまだ存在しません。

[3] 人の身体や衣服に装着した小型のセンサーおよびコンピュータを用いる技術。カメラだけではなく，加速度計，心拍計，触覚センサーなどのデバイスを身に着けることで，行動の計測や情報の呈示を行えます。スマートウォッチはウェアラブルコンピュータの一種です。

しました。その後，2009 年の CVPR のワークショップ [5] において，初めて egocentric vision の名が登場し，2013 年には Google が眼鏡型のウェアラブルデバイスである Google Glass[4] を一般向けに発売するなど，市販のウェアラブルカメラの登場と並行して一人称ビジョンの研究や技術が発展してきました。

[4] 眼鏡型の軽量小型なウェアラブルコンピュータで，単体でプロセッサ，カメラおよび情報呈示用のディスプレイを搭載しています。2019 年には法人向けの Enterprise Edition 2 が発売されましたが，2023 年 3 月に販売終了となりました。

1.2　一人称・二人称・三人称視点とその違い

そもそも，人の身体にカメラを装着することにどのような意味があるのでしょうか？ 一人称・二人称・三人称の 3 つの視点を比較しながら，その意味を考えてみましょう（図 3）。

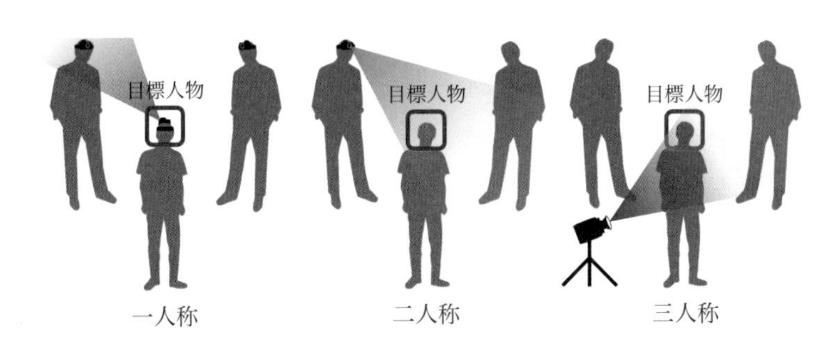

図 3　一人称（左），二人称（中央），三人称（右）視点の違い（[6] より引用・翻訳）

三人称視点

馴染みのある**三人称視点**では，ある固定の地点から対象人物の行動を観測します。三人称視点では，カメラが写す範囲内に対象人物がいる限りは，その人の行動を観測し続けることができます。しかしながら，一般に観測点から対象人物までの距離が遠い（数 m〜数十 m）ため，対象人物の解像度は撮影範囲全体に比べてかなり低くなります。そのため，対象人物の大まかな行動はわかっても，その人物が環境のどの部分に注目してどの物体を扱っているかなどを詳細に認識することは困難です。また，対象人物がカメラに背中を向けたり他の人や物の陰に隠れたりした場合，認識はますます困難になります。

一人称視点

狭義の**一人称視点**は，対象人物の視点から自身の行動やその周辺の環境を理解することを指します。一人称視点の特長として，(i) 観測点が移動する，(ii) 装着者の興味および周辺環境を高解像度で捉えられる，(iii) 一人称視点特有の手がかりを利用できる，(iv) 長時間連続して記録できる，の 4 点があります。

まず，一人称視点では，観測点が対象人物とともに移動するため，屋内外を問わず対象人物の周辺の状況を観測できます。また，装着者の身体が現在興味をもっている領域に接近することから，装着者自身の身体（手足など）を含め，解析対象の領域を近距離（数十 cm 程度）から高解像度で捉えられます。3 つ目に，**視線**（gaze）や**自己運動**（ego-motion），手の姿勢など，一人称視点映像に特有または顕著な手がかりを追加情報として利用できます。最後の利点は 1 つ目の点と密接に関係するもので，カメラ自身が対象人物とともに移動する結果，その人物の行動を途切れることなく長時間連続して記録できます。以上の特長により，解析対象の人物の行動の文脈を考慮した，より高度な行動および環境の理解が期待できます。

一方で，欠点として，部屋内の物体の配置などの環境全体を一度に把握できないことや，装着者自身の顔や姿勢を観測できないことが挙げられます。

二人称視点

複数人での会話や共同作業をする場面で，ある人物の視点を介して他者を観察する設定は**二人称視点**と呼べるでしょう。対象人物自身の身体が見えない一人称視点とは対照的に，二人称視点では対象人物の身体を比較的近い距離（距離 1〜3 m 程度）で観測でき，他者の自身に対する視線などをよく写すことから，社会的インタラクション[5] の解析に有利です。二人称視点は撮影者から見た他者に注目する点で，厳密には一人称視点とは異なるものですが，両者を合わせて一人称視点と呼ぶのが一般的です。

[5] 社会的相互作用。2 者以上が存在する集団において，他者の行動（例：発話，うなずき）を解釈し，自らの行動を変化させる一連のプロセスを指します。

図 4 に，一人称視点画像とそれぞれに対応する三人称視点画像を示します。一人称視点は装着者が何をしているかが一目瞭然である一方，三人称視点は部屋全体の様子の把握に優れていることがわかります。

1.3 「身体化された認知」としての一人称ビジョン

やや発展的な見方をすると，一人称ビジョンは，カメラの設置位置を変えただけではなく，身体をもった人による**身体化された認知**（embodied cognition）[6] を理解するための手段として解釈することもできます。

[6] 人間の認知処理は，脳内の記号処理で完結するのではなく，五感などの感覚信号および運動と環境との相互作用を通じて成立するものであるという仮説 [8]。身体をもった AI である Embodied AI に関するサーベイとしては本シリーズの「フカヨミ Embodied AI」[9] を参照。

たとえば，視覚情報から物体の種類を分類する問題を考えましょう。三人称視点（固定カメラ）からの認識では，1 枚の写真が与えられて，その写真のみを手掛かりにして写っている物体の種類を認識する必要があります。一方，私たち人間の場合，特定の一方向だけから物体を認識する必要はなく，物体の背後に回り込んで視点を変えてみたり，手に取って裏側を見てみたりすることで，より正確に分類を行えます。あるいは，車を運転する際，ハンドルと車の動きの関係を理解し，ある方向にハンドルを切ると何が見えるか，何が起こるかを

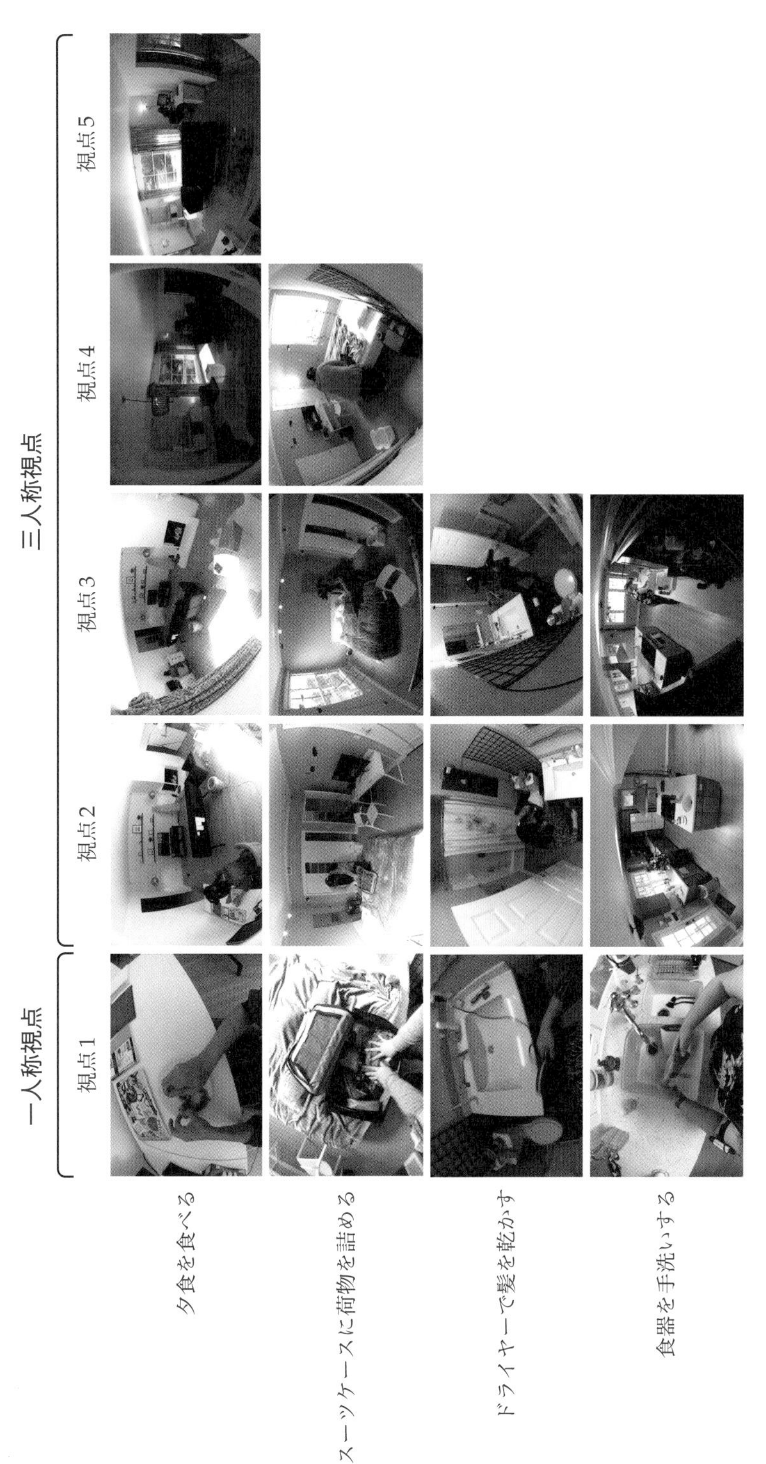

図 4　一人称/三人称視点画像の比較（[7] より引用・翻訳）。各行に一人称およびそれに対応する三人称視点画像を示す。

図 5　私たちは自身の身体運動とその結果起こる変化の関係を理解している（[10] より引用）

私たちは想像することができます（図 5）。

このように，私たちは自身の運動とそれに従って知覚される刺激の間の関係性を理解しており，同様に，認識モデルにおいても一人称視点のカメラの運動と観測される映像との関係性を学習することで，画像の分類 [10] や家庭用ロボットの動作計画 [11] に有効な表現を獲得することができます。一人称ビジョンは，こうした人の身体，感覚および運動を考慮した**能動的な知覚**（active perception）のプラットフォームとしても，文字どおりユニークな視点を提供します。

2　一人称ビジョンのタスク

一人称ビジョンには，人の行動をより良く理解するための物差しとして，あるいは装着者の判断や行動を助ける実用的なツールとして，さまざまなタスクおよび応用先が存在します（図 6）。初期には物体認識・追跡，行動認識，映像要約といった基本的なタスクが研究されてきましたが，CV 技術の高度化と並行して，より詳細な現象の理解に焦点が移っています。本節では，自己・他者・外部環境・時間の関係性という観点から代表的なタスクを抜粋し，それらの最新動向を紹介します。

2.1　自己の理解

人物行動認識

一人称視点映像から「トマトを切る」といった装着者の数秒間の行動を認識または検出する人物行動認識は，この分野の黎明期から取り組まれてきた基本的なタスクの 1 つです。一般の三人称視点映像における人物行動認識と多くを共有しますが，一人称視点映像に特有または顕著な手がかりとして，(i) 手の姿勢・運動，(ii) 自己運動，(iii) 視線方向，(iv) 物体情報の 4 つがあり [12]，

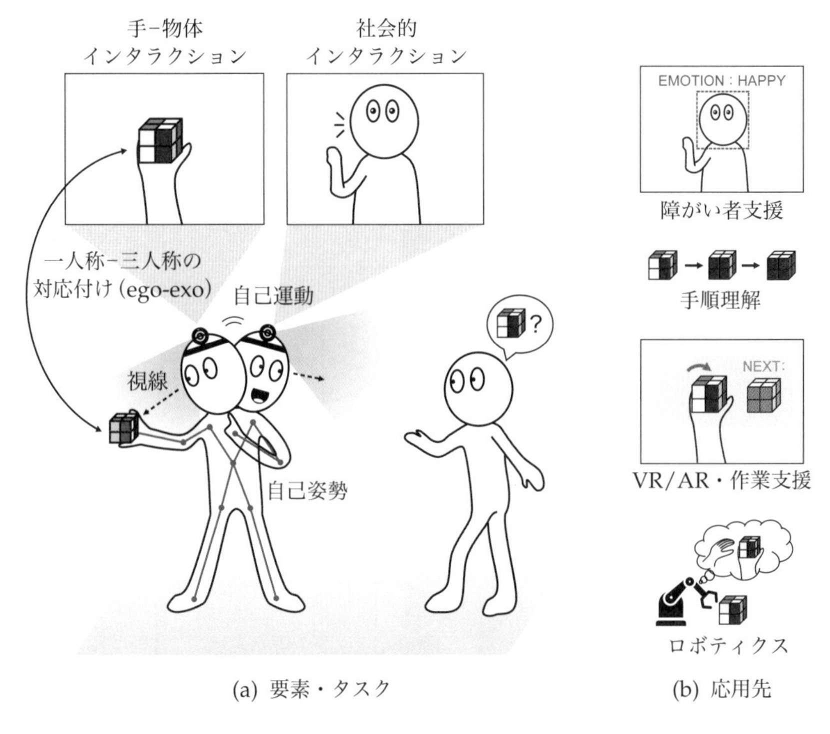

図 6　一人称ビジョンを特徴付ける要素・タスク，および主な応用先

図 7 に示すように，これらの手がかりを組み合わせることで，一人称視点の特性を生かした手法群が提案されています。

このタスクで標準的に用いられるデータセットとしては，調理作業を題材とした EGTEA Gaze+ [14] および EPIC-KITCHENS [1, 15] があります。調理作業には，三人称視点映像によく出現するアクティビティ（スポーツ，娯楽）と比較して道具の使用頻度および物体の種類が多いという特徴があり，手の動きと使用している物体の両方を正確に推論する必要があります。EPIC-KITCHENS データセットは行動認識・検出を含むさまざまなタスクのコンペティションおよび上位に入賞したモデルの詳細に関する技術レポート [16] を提供しており，最先端の手法の詳細を知ることができます（詳細は 3.1 項）。

直近の傾向としては，行動認識では SlowFast [17]，行動検出では ActionFormer [18] といった一般の人物行動認識で使用されている Transformer ベースの手法が，一人称視点行動認識においても有効であることが報告されています。

自己姿勢推定

1.2 項で述べたように，人の前方を写すように人体に設置されたカメラは装着者自身の身体を写さないため，装着者の姿勢は直接観測できません。しかしな

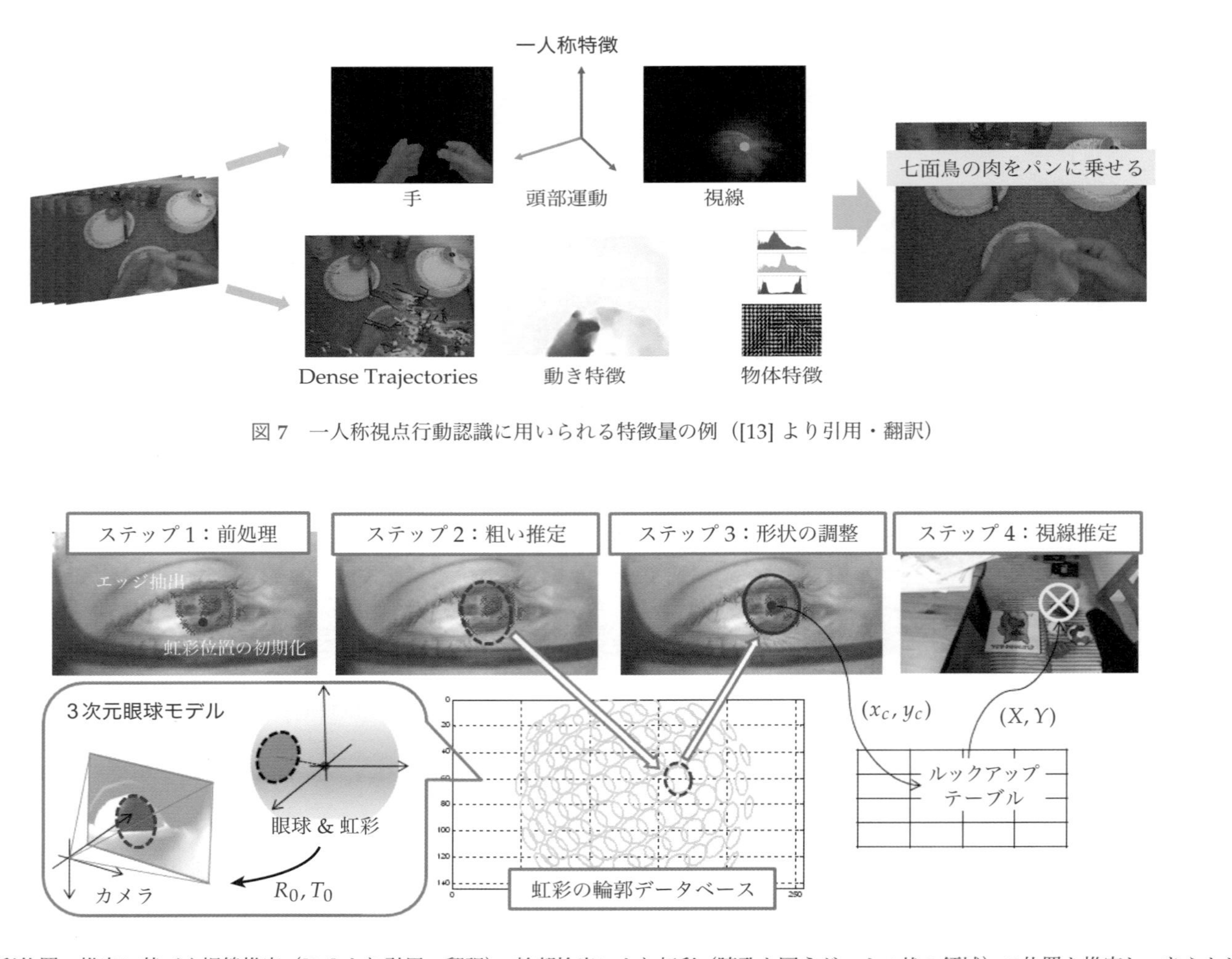

図 7　一人称視点行動認識に用いられる特徴量の例（[13] より引用・翻訳）

図 8　虹彩位置の推定に基づく視線推定（[26] より引用・翻訳）。輪郭検出により虹彩（瞳孔を囲うドーナツ状の領域）の位置を推定し，あらかじめ用意した輪郭位置と視線が向く画像上の位置の関係を示したルックアップテーブルに基づき，画像中の視線の先の位置を算出する。

がら，人の行動の理解や予測をするのにあたって，その姿勢を推定または計測することは重要であり，(i) カメラの動きやシーンの変化から不可視の姿勢を推測する方法 [19, 20, 21] と，(ii) VR ゴーグルなどの前方に突き出たデバイスの下方に設置したカメラから姿勢を認識する方法 [22, 23][7] という 2 つのアプローチから，活発に研究が行われています。具体的には，強化学習を用いて生成した姿勢系列を観測画像に結び付ける方法 [20]，SLAM（自己位置推定と環境地図作成）を用いて推定した頭部運動の軌跡を中間表現として用いる方法 [21] などが提案されています。

[7] 後者の技術については本シリーズ「イマドキノ バーチャルヒューマン」[24] を参照してください。

視線解析

視覚入力と人の視線との間に一定の法則があることは，古くから知られています [25]。人がどの物体や人物に注目しているかの理解，VR・AR 分野におけるユーザーインターフェースの操作などにおいて，**視線** (gaze)[8] は重要な役割を果たします。従来，視線の計測といえばディスプレイの前に座った静止状態で行うものでしたが，ウェアラブルデバイスへの視線センサーの実装により，日常生活における自然な視線を計測することが可能になっています。

[8] 一人称ビジョンにおいては，ある座標系における目線の 3 次元ベクトル，または一人称視点の画像中の 2 次元の注視点のどちらかの意味で用いられるのが一般的です。

視線は，眼球方向を向くように取り付けた赤外線カメラから角膜の反射および瞳孔の位置を検出することで計測できます。こうしたデバイスは眼鏡型のデバイスのフレームの内側に実装できるため，内向きに設置した視線計測カメラと外向きに設置した環境認識用カメラを組み合わせることにより，映像中のどの部分を見ていたかを推定できます。図 8 に虹彩の位置の推定による視線推定の例を示します [26]。ただし，視線センサーは一般に高額（数十万〜数百万円）で，使用前に毎回眼球の位置合わせ（キャリブレーション）を要求する[9] ため，必ずしも気軽に使えるものではないのが現状です。そこで，映像中から視線を直接予測する手法（たとえば [27, 28]）などの開発が進んでいます。

[9] ただし，最新の視線計測デバイス（例：Pupil Labs Neon）では，軽量のニューラルネットワークを用いて視線を直接推定することでキャリブレーションを不要としているものも存在します。

視線情報は行動認識の高精度化 [29] に貢献するほか，視線と頭部運動からの人の作業タスクの分類 [30] などにも利用されています。また，Meta Quest Pro や Apple Vision Pro などの市販 VR・AR デバイスにも視線センサーが搭載されるようになっており，マウスやジェスチャーに替わる入力手段として今後ますますの普及が期待されます。ユーザーインターフェース以外の応用としては，他者のアイコンタクトの予測 [31] や，近い将来に注意（視線）を向ける地点の予測 [32] などが研究されていますが，自由環境における一人称視点映像と視線を組み合わせた取り組みはいまだ少なく，さらなる探求が望まれています。

手−物体インタラクション認識

人が道具を使うなどして外の環境に働き掛ける際，手は不可欠の役割を果たします。手の形状・姿勢および手を用いた物体操作を理解する**手−物体インタラクション**認識タスクも，一人称ビジョンと相性の良い題材です。VR・AR，作業支援，ロボティクスなど，さまざまな応用先をもち（詳細は6節を参照），産業的にも注目されています。

人が手で作業を行う際，実際に手を動かす前に，その作業に関係する物体である**アクティブオブジェクト**（active object）[10] に視線を向けることが知られています [33]。その結果，人の目線の先の映像には作業前から作業完了に至るまで，手とアクティブオブジェクトが大きく映り込むことになり，一人称視点は三人称視点と比べて精細にインタラクションを記録することができます。

[10] ある行動または作業（タスク）に直接関係する物体。逆に行動とは無関係の物体をパッシブオブジェクト（passive object）と呼びます。

手−物体インタラクション認識にかかわるタスクは多岐にわたり，大きく分けて，手そのものの位置や形状を認識するタスクと，それを利用して実際にどのような手操作（hand manipulation）が行われているかを意味的に認識するタスクの2つの問題が取り組まれています（図9）。前者のタスクとしては，左

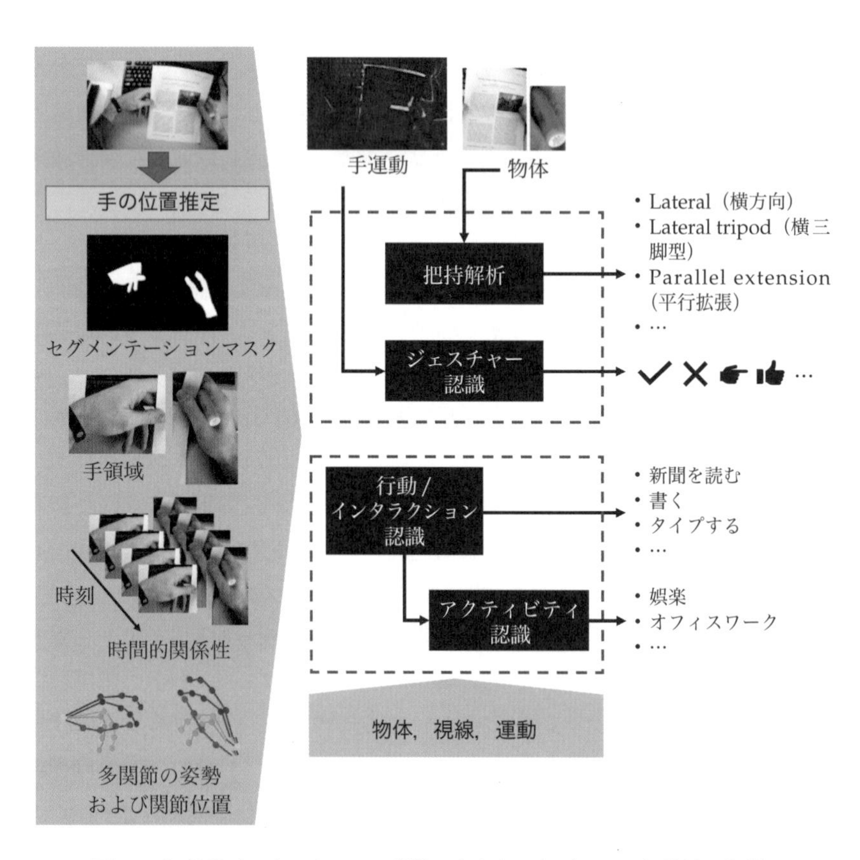

図9　手−物体インタラクション認識の主なタスク（[34] より引用・翻訳）

右の手の識別 [35]，手の関節の 3 次元姿勢の推定 [36]，手と物体の間の接触状態の判定 [37, 38]，手と操作物体のセグメンテーション [39, 40]，手と操作物体の 3 次元復元 [41, 42, 43]，物体の接触領域の推定 [44]，近い将来（数秒後）の手の位置の予測 [45] など，手と操作物体の位置関係の詳細な認識に重点が置かれています。後者のタスクとしては手の把持状態[11] の認識 [47]，特定の手操作が行われる領域の抽出 [48]，手と操作物体の動きの認識に伴うロボットハンドの把持学習 [49] などがあります。

[11] 物体の握り方。具体的には，片方の手が物体を保持している際の静的な姿勢を指します [46]。

従来これらのタスクでは，少数の種類の物体を持ち上げるといった統制環境下で撮影されたデータ [50, 51] が用いられてきましたが，近年はおもちゃの組み立て（たとえば [52]）といった自然な作業での手姿勢認識 [36] や，未知の一般物体への適用 [43] が試みられています。

2.2　他者の理解

社会的インタラクションの解析

人は生まれながらにして社交的な生き物です。家族や友人などの他者と会話したり，協力して作業を行ったりすることは人の何気ない行動の一部ですが，そのインタラクションの構造を外から理解することは，必ずしも容易ではありません。複数人がコミュニケーションをとるこうした状況において，当事者の一人称（二人称）視点から他者の顔の動き・音声・視線などの情報をより正確に観測できる点で，一人称ビジョンは強力です。

会話理解においては，関係性に応じた位置関係が自然に形成される **F 陣形**（F-formation）[53]，1 人の話が終わったタイミングを見計らって別の人が話し始める**話者交替**（turn-taking），ある人が指さした物体に他者が注意を向ける**共同注意**（joint attention）などの現象が存在し，こうした現象を映像から認識する手法が研究されてきました。

初期には，映像からの F 陣形の認識 [54]，人の共同注意領域の推定 [55] など，会話中の人の空間配置の認識が研究されてきましたが，直近のトレンドとして，視覚情報に加えて発話情報も考慮に入れたコミュニケーションの総合的な理解に関する研究があります。具体的には，ウェアラブルデバイスからの話者検出 [56]，カメラ装着者への注視および発話の推定 [57]，聴覚的注意（auditory attention）の検出 [58] などのタスクが挙げられます。

図 10 に，ウェアラブルカメラにより撮影した複数人が会話する様子の例を示します。自然な会話においては，他者に対する発話や注意が頻繁に切り替わることがわかると思います。ウェアラブルカメラ映像は，音声と合わせて，その分析に役立つ詳細な手がかり（視線，口元，表情）を提供します。

図 10　ウェアラブルカメラにより撮影された社会的インタラクション（上段），およびその発話と注意のタイミング（下段）の例（[57] より引用・翻訳）。TTM（talking to me）は当該人物が装着者（= me）に対して話かけている時間，LAM（lookng at me）は装着者を見ている時間を指す。

2.3　外部環境・時空間的関係の理解

自己および他者の見た目や行動に加えて，自己と外部環境の間の空間的関係や，複数の事象の時間的関係を認識することは，より高度な行動・環境理解のために不可欠です。こうした関係性の認識に関するタスクは多岐にわたりますが，中でも最近注目されている 4 つを紹介します。

空間構造の理解

私たちが過ごす家やオフィスの空間内にどのような物体や機能が存在するか，私たちはそれらをどう利用しているかというように，私たちの活動空間を認識することは，場所や物体に紐づいた行動を理解する上で重要です。固定カメラでこれを実現するためには，屋内のあらゆる地点にカメラを取り付ける手間が生じるのに対して，ウェアラブルカメラは簡単に用意できます。ただし，部屋の全体像を一度に観測できないため，局所的な観測の系列からどのようにして家具や物体などの全体的な空間配置を得るか，物体の位置・属性・関係性などのさまざまな情報をどのように獲得するかが課題となります。

具体的な取り組みとしては，特定の行動と紐づいた領域（アフォーダンス）の検出 [59]，行動とその 3 次元発生位置の推定 [60]，行動に使用する物体の予測 [61] などのタスクが挙げられます。直近の流行としては，一人称視点映像中に含まれる自然かつ長時間の行動を利用して，「鍵をどこに置いたか？」といった文章による質問から一人称視点映像内を探索し，動画の当該箇所または文章で

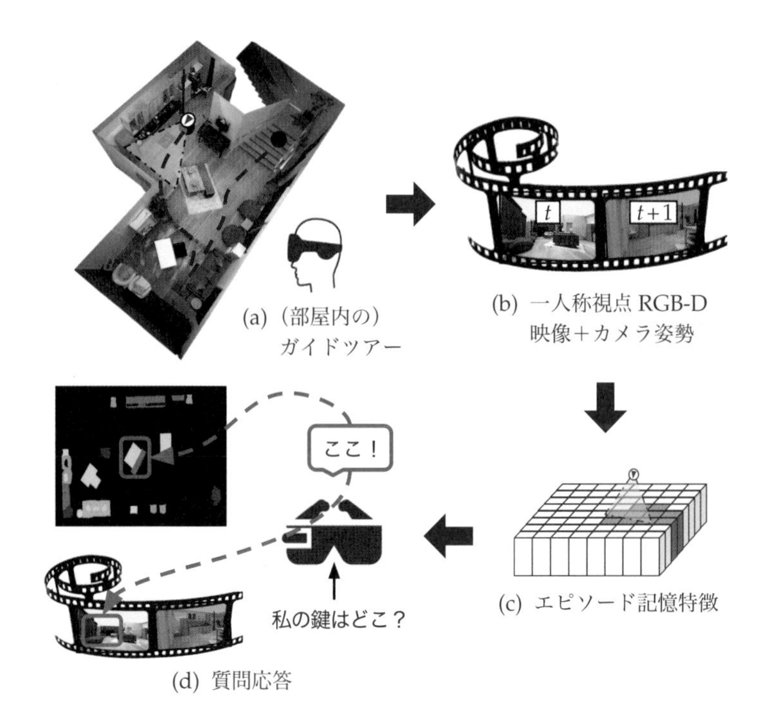

図 11　AR グラスを用いた AI アシスタント（[62] より引用・翻訳）。AR グラスから撮影した一人称視点映像から部屋内の物体の位置関係を継続的に記録し，得られた時空間表現をもとにして，ユーザーの質問に回答する。

応答する**動画質問応答**（video question answering; VQA）タスク[12] があります [62, 57, 63]（図 11）。

12) 視覚質問応答（visual question answering）との混同に注意。

中でも，EgoTaskQA [62] では，瞬間的な行動や物体位置だけではなく，行動の因果関係，装着者の動機・目標・信念といった，より高度な理解を要する質問応答タスクを提案しています。また，頭部運動に伴うモーションブラーの発生およびカメラ性能の制約から，一人称視点映像の 3 次元復元は従来難しいとされてきましたが，RGB 映像からの深度および法線の推定 [64] や 3 次元復元 [65] などにより，シーンの 3 次元空間を復元した上で下流タスクを解く試みも登場しています。

行動予測

AR グラスを装着した人物がその認識結果を参考にして行動する，あるいは，カメラを設置した自動運転車が認識結果に基づいて自動運転を行うといったシナリオを考えた際，現在の瞬間の状況のみを認識するだけでは必ずしも十分ではありません。装着者が次に行うと思われる行動を先回りして指示する，あるいは，歩行者が飛び出してくるのを見越してブレーキをかけるなど，その数秒

〜数十秒先の近い将来に起こりうるイベントを予測（prediction）[13] し，それが実際に起こる前に対応することが求められます。

以上の背景のもと，カメラ装着者の将来行動の予測 [67, 68, 59, 69]，歩行者（自身/他者）の位置予測 [70, 71]，将来の手の位置の予測 [45] などの問題が研究されています。初期には LSTM などの明示的な時系列モデル [67] が使われていましたが，人物行動認識タスクと同様，過去から未来への接続のみをもった（causal）Transformer ベースのモデル [68] がそれに取って代わっています。

これらの手法の評価は，基本的にオフライン設定（予測のための実行時間を無視できると仮定）で行われてきましたが，実際にウェアラブルデバイス上で予測アルゴリズムを実行する場合は，通信および推論に要する時間分だけ遅延が生じるため，実質的にはそれらの処理時間の分だけさらに先の将来を予測する必要があります。そこで，限られたリソース（GPU ボード 1 枚）上での推論時間と性能のトレードオフを考慮したオンライン評価指標の整備 [72, 73] が行われています。

[13] 予測（prediction）と類似した用語として anticipation, forecasting などの表現が用いられる場合があります。prediction が将来のイベントの予測一般に用いられるのに対し，anticipation はごく近い将来の予測，forecasting は将来のイベントの時系列の予測によく使われます。詳しくは文献 [66] を参照してください。

一人称–三人称視点映像間の対応付け（ego-exo）

1.2 項で述べたとおり，一人称視点映像と三人称視点映像には長短があります。一人称視点映像は装着者から見た環境を精細に映すことができるのに対し，シーンの全体像の理解には，外から見た（exocentric [14] な）三人称視点映像のほうが向いています。一見これは単なる撮影設定の違いに見えますが，人は日常生活においてこの 2 つの視点を自然に行き来しています。たとえば，私たちは何かを学ぶ際，知識のある他者がそれを行う様子を外部の視点（三人称視点）から観察し，それを自分の視点（一人称視点）に投影して真似ることができます。こうした状況は，ロボットによる人の行動の模倣，コーチから生徒への技能の教示といった場面に起こるもので，あるアクティビティを三人称・一人称の各視点から見た際の相互関係を理解することは実用的にも重要です。こうした一人称–三人称視点映像間の幾何的・意味的対応付けの知覚能力は **ego-exo** [74] と呼ばれ，この分野の新たな課題として注目されています。

[14] 外心的な，という意味。それ自身の外側に注目を置くことを示します。

ego-exo の代表的なタスクとして，ある一人称視点映像の撮影者が上方から撮影された三人称視点中のどの人物かを識別するものがあります [75, 76, 77]。また，人物行動認識において，一人称視点映像と三人称視点映像に共通する特徴（例：手や操作物体）を同じ動作に対応する動画から学習することで，両視点からの行動認識精度が向上することが報告されています [78, 74]。こうした対応関係は，視点が大きく異なる物体の対応関係や人の行動手順（コーチの手本と生徒の練習）においても考えることができ，さらなる研究が期待されています。

手順理解

一人称視点映像は装着者の動きに追従して作業の様子を連続的に記録できるため，調理や自転車の修理といった一定の手順（procedure）に従うアクティビティを途切らせることなく自然に扱えます。そこで，単一の行動の認識を超え，調理や製品の組み立てといった手順を実施する様子を記録した一人称視点映像 [14, 79, 80] から一連の手順を構成するステップ（step）の系列を認識する手順理解タスクが研究されています [81]（図 12）。このタスクでは，各ステップの時間区間（開始と終了の時刻）を正しく検出するだけではなく，一連の手順の構造（順序・依存関係）の抽出や，手順の実施誤りの発見が求められます。

同様の理由から，一人称ビジョンは数十分〜数時間の長時間行動理解 [82] の題材としても相性が良く，特定の手順書に従って人が作業する産業（例：生化学実験 [83]）への応用も期待されています。

ここまでで述べたように，一人称ビジョンには多種多様なタスクがあり，特に，従来の三人称視点映像では想定されなかった，あるいは困難だった課題への，一人称視点映像特有の手がかりや性質を利用した取り組みが進んでいます。

3　一人称ビジョンのデータセット

一人称視点映像はインターネット上で通常手に入る映像とは撮影条件が異なるため，新たに収録を行う必要があります。従来は研究ごとに小規模のデータが散発的に集められてきましたが，ここ数年でベンチマークとセットで提供される大規模データセットが複数登場し，多くのタスクにおいて自分でデータを集めなくても手法の開発を始められるようになりました。本節では，代表的なデータセットとして EPIC-KITCHENS と Ego4D という 2 つのデータセットを紹介します。

3.1　EPIC-KITCHENS

EPIC-KITCHENS データセット [1, 15] は本分野で最もよく使用されているデータセットの 1 つで，キッチンでの 100 時間分[15] の調理行動を収録しています（図 13）。イギリスとイタリアの 2 か国の 37 人の参加者がキッチン内で自由に調理を行う様子が収められており，その映像中の動作（例：にんにくを捨てる）1 つ 1 つに対して，その動詞（97 種類），操作物体の名詞（300 種類），およびその区間（開始および終了）に関するアノテーション（9 万区間）が付与されています。従来のデータセットでは，調理を行う品目やその手順が指示者により詳しく指定されているのが一般的でしたが，このデータセットでは参加者が何をするかは参加者にすべて任せられており，結果として稀なイベントを含む

15) 2018 年に 55 時間分の初期バージョン [1] が登場し，2020 年に 100 時間に拡張されました [15]。

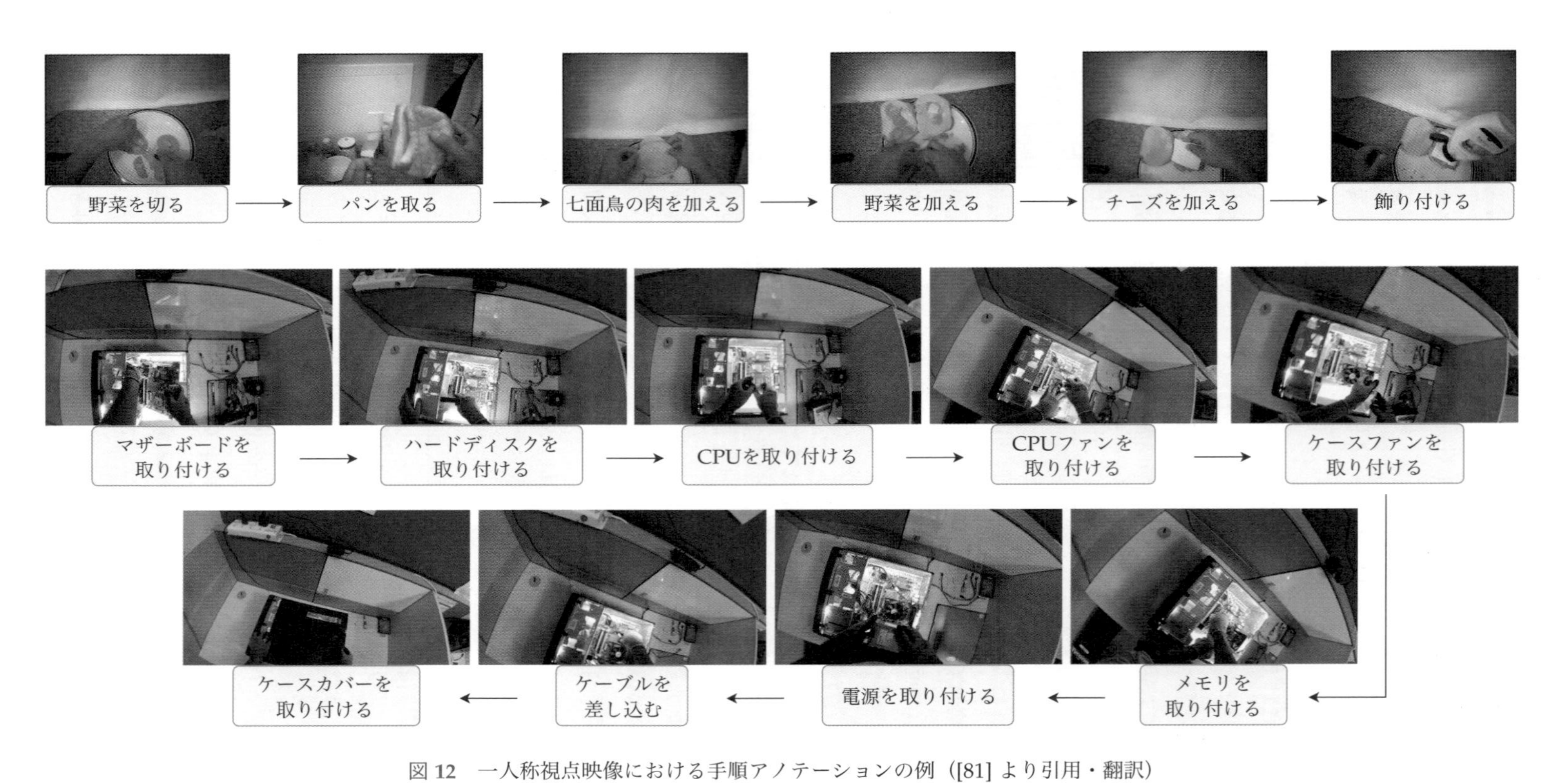

図 12　一人称視点映像における手順アノテーションの例（[81] より引用・翻訳）

図 13　EPIC-KITCHENS データセットの映像例（[1] より引用）

自然な動作が長時間収録されています。このデータセットの特色として，(i) 信頼できるベンチマークおよびコンペティションを提供していることと，(ii) 後続研究による拡張アノテーションが充実していることが挙げられます。

1 つ目の特徴を具体的にいうと，その自由度の高さを生かして，(1) 行動認識，(2) 行動予測，(3) 弱教師あり行動認識，(4) 行動検出，(5) 教師なしドメイン適応，(6) 行動検索（action retrieval）の 6 つ[16)]のベンチマークが提供されています。各ベンチマークには著者が実装したベースラインモデルが含まれており，年 1 回開催のコンペティションにおいて研究者間で精度を競い，その結果を技術レポートで公開（2022 年は文献 [84]）することで手法の開発を推進しています。使用する訓練データの量や質による不公平な比較を防ぐため，テストデータの正解ラベルは非公開とすることや，外部教師データの使用度合いを

16) 出版時の個数。ベンチマークは拡張アノテーションの追加などに伴い毎年内容が更新されており，2023 年には 9 つに増えています。

示す Supervision Levels Scale（SLS）[85] の報告を義務付けることなどにより，結果の信頼性を確保しています。

2 つ目の特徴として，その品質の高さから，追加のアノテーションを施すことにより行動認識以外のタスクにも利用されている点があります。映像中の密な物体セグメンテーションを付与した VISOR [86]，環境音のアノテーションを付与した EPIC-Sounds [87]，3 次元点群およびカメラの軌跡を復元した EPIC-Fields [65]，物体追跡ベンチマークである TREK-150 [88] など，さまざまな拡張が行われており，このデータセットの有用性をさらに高めています。

3.2 Ego4D

Ego4D データセット [57] は，Meta AI および 13 の大学からなる合同チームが作成した過去最大規模の一人称視点映像データセットで，世界中から集めた合計 3,670 時間の一人称視点映像およびベンチマークを提供しています[17]。このデータセットの特色として，(i) 人口統計的多様性，(ii) 密な文章アノテーションとベンチマークを提供していること，(iii) 権利的にクリアなデータであることが挙げられます。

1 つ目の特徴において，大学などの小規模グループでの研究一般に共通する課題として，従来のデータセットには，カメラ装着者の属性と撮影地点が，若い学生と大学の施設内に大きく偏るという問題がありました。一方，世界中の人々はさまざまな立場から多様な活動を行っており，学生だけではない，さまざまな居住地・職業・性別・年齢の人々の活動を含むことが求められました。そこで，このデータセットでは人口統計上の多様性をスローガンとして掲げ，9 か国 74 地点の 931 人の参加者から映像を収集することで，従来のデータセットと比較して圧倒的な参加者の多様性および動画長（1 人当たり平均約 4 時間）を実現しています。図 14 からうかがえるように，家事（例：掃除，調理，庭仕事），娯楽（例：工作，ゲーム），移動（例：自転車，車），社交（例：同僚との会話）などの多様なシナリオをカバーするとともに，自動車修理や散髪といった専門的な労働も含まれています。

2 つ目の特色として，ベンチマーク別のアノテーションとは別に，全映像に対して密な行動ナレーションが付与されている点があります。複数人のアノテーターが装着者の行動を逐一説明することで，1 分当たり平均 13.2 文，合計 385 万文の言語アノテーションを提供しています[18]。全映像に行動アノテーションを付与することで映像の整理や体系化を容易にするとともに，行動アノテーション自身が装着者の行動理解のための有用な教師情報となっています。たとえば，EgoVLP [89] が提案している，映像クリップと説明文を用いたシンプルな表現学習モデルは，映像からの文章検索，行動認識，文章からの映像検索などの複

[17] 筆者も東京大学のチームメンバーとしてこのプロジェクトに参画し，約 140 時間分の映像を収集しました。このデータセットの収集期間（2020 年）はおりしも新型コロナウイルスによる緊急事態期間と重なっており，ウェアラブルカメラの使い方を遠隔で教えたり，デバイスの接触感染を防ぐために消毒を徹底したりするなどの工夫を強いられたほか，対人の社会的インタラクションについても家族内に限られるなど，運用上の課題が多数ありました。

[18] アノテーションに費やした総時間は 25 万時間にものぼります。

図 14　Ego4D データセットの概要（[57] より引用・翻訳）

数の一人称視点映像タスクにおいて，最大規模の三人称視点映像データセットである HowTo100M [90] データセット[19] で事前学習した場合と比べて高い精度を達成しており，高品質なナレーションの重要性を示しています。

[19] Ego4D の 3,670 時間という映像長は一人称視点映像としては最大規模ですが，HowTo100M（YouTube 映像ベース）は映像長だけで見れば 135,000 時間（約 37 倍）に及び，いまだ大きな開きがあるのが現状です。

また，2 節で紹介した一人称視点映像特有の性質を生かし，図 15 に示すように，Ego4D の映像の過去から現在・未来までを網羅的に理解するための 5 つのベンチマークタスクが提供されています。

3 つ目の特徴は，参加者のプライバシーおよび倫理面に配慮し，収集映像の権利関係をクリアしたデータセットを提供している点です。多くの三人称視点映像データセット（たとえば [90, 91]）は，インターネット上から収集した映像を用いているため，元映像の権利を保有しておらず，著作権者の合意も得ていません。一方，Ego4D では撮影者およびその周辺の人物のプライバシーの保護を重視し，各組織の倫理審査委員会による審査を行った上で装着者全員から映像の公開に関する合意を取得し，特別の理由がない限り個人情報（部外者の顔

図 15　Ego4D データセットで提供される，一人称体験に関する過去・現在・未来の理解に関する 5 つのベンチマークタスク（[57] より引用・翻訳）

や車のナンバープレート）の匿名化を行うなどの対策を行っています。営利・非営利を問わず研究開発用途に用いることが認められているため，製品の訓練データとしての利用など，さまざまな用途に使用できます。

3.3 その他のデータセット

上記で紹介したデータセット以外にも，用途別にさまざまな一人称視点映像データセットが存在します[20]。視線データを含む最大級のデータセットとしては，EGTEA Gaze+ [14] が有名です。一人称・三人称視点を両方収録したデータセットとしては，Charades-Ego [78] や Home Action Genome [7] があります。手–物体インタラクションに注目したデータセットとしては H2O [51]，FPHA [93]，MECCANO [79]，Assembly101 [52] などがあります。直近の動向として，生化学実験などの専門作業に特化したデータセット [83] や，3 次元スキャンおよびモーションキャプチャーから得られた正解データの同時提供 [94] など，収録内容および方法に特色をもつデータセットが提案されています。

[20] 筆者のお気に入りのデータセットとして，Krishna という大学院生が 9 か月間かけて自身の生活を 70 時間分収集した，KrishnaCam [92] というデータセットがあります。

4 一人称ビジョンの課題

本節では，一人称ビジョン特有の課題およびその対処法を紹介します。

4.1 自己運動の補正

装着者の移動や頭部運動によって生じるカメラの自己運動は，装着者の行動に関するユニークな情報を提供する一方，映像がぶれたり，静止物体の画像平面上の位置がずれたりする問題を生じます。そこで，用途や目的に応じて，フレーム間の自己運動を算出して位置を補正することがしばしば行われます。

自己運動を扱う最も自然な方法としては，**Visual SLAM**[21] の枠組みに従って特徴点どうしの対応関係を計算し，各フレームの 3 次元カメラ姿勢を算出する方法があります。しかしながら，頭部に装着したカメラにより撮影した一人称視点映像に起きる顕著な現象として，頭部運動に伴う高速な回転運動があります（図 16）。振り向きなどにより顕著な回転運動が発生した場合，奥行き方向の距離の計算に必要な情報が得られず，カメラ姿勢の計算に失敗します。そのため，正確な 3 次元カメラ姿勢が必須の場合を除き，実用上一般的には，2 枚の平面間の対応関係である**ホモグラフィ行列**を算出し利用します [13, 59, 45]。たとえば文献 [45] では，将来のある時刻の手の位置を現在の時刻の視点から見た位置に投影するためにホモグラフィ行列を推定しています。

[21] 詳しくは『CVIM チュートリアル 1』の「Visual SLAM」[95] を参照してください。

とはいえ，一人称視点映像から 3 次元カメラ姿勢を算出する取り組みも少数ながら行われており，COLMAP [96] や DROID-SLAM [97] などの比較的新し

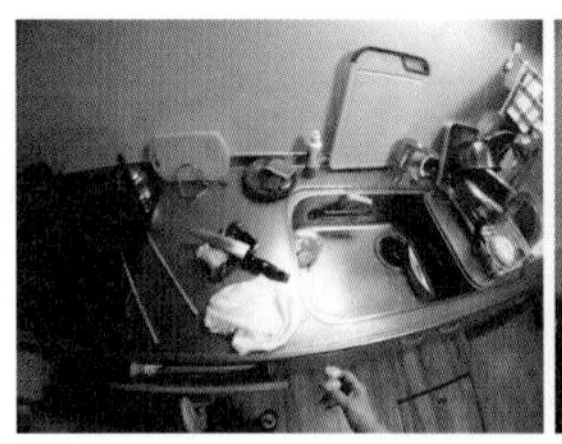

図 16　頭部運動による映像ぶれの例。画質が悪化する上（2 枚目），撮影範囲が急激に変化する（3 枚目）ため，対応点の計算に失敗しやすくなる。

い Visual SLAM 手法を，ぶれを含まない少数のフレームに絞って適用することなどが有効と報告されています [98, 21, 65]。具体的には，重力方向の推定による回転運動の補正 [21] や，ホモグラフィを用いた類似フレームの削除 [65] などの工夫が提案されています。

4.2　プライバシーの保護

一人称ビジョンの実利用に際してクリアすべき最も重大な問題として，プライバシーの問題があります。一人称視点映像は周辺の他者の姿を精細に記録するため，当事者にとって不愉快なだけではなく，その人物のプライバシーや権利を侵害する可能性があります。

たとえば，ライフログカメラとして Google Glass が売り出された際，撮影されることを嫌った人々からその使用を禁止する運動が起こりました [99]。欧州の GDPR[22] をはじめとした法律においても，個人の情報の「忘れられる権利」の確保など，ウェアラブルカメラの適正な運用が求められています[23]。

人の顔だけではなく，車のナンバープレート，クレジットカード，スマートフォンのディスプレイにも個人情報が含まれる場合があり [101]，そうした情報をぼかすといった匿名化の措置をとる必要があります。また，一人称視点映像には装着者自身の姿は映りませんが，装着者の歩行パターン（歩容）を反映した自己運動だけからでも装着者が識別可能であることが知られており [102]，装着者のプライバシーの保護も求められています。

以上の背景のもと，下流タスクの性能を損なうことなく，個人情報を特定しうる特徴だけを除去する技術の提案が行われています。たとえば，映像に微細な運動を追加することで，装着者の歩容特徴を識別不能にする方法 [103] があります。映像中の他者のプライバシー保護としては，人の顔などが識別不能な超低解像度の映像から行動認識を行う方法 [104]，人の顔を別人の顔に置き換えて行動認識を行う方法 [105] などが提案されています。

こうした技術によって，ある程度映像からセンシティブな情報を除去できま

[22] EU 一般データ保護規則（General Data Protection Regulation; GDPR）。個人情報の保護および個人情報を含むデータの取り扱いについて定められた，EU 域内の各国に適用される法令。対象国内において規制に違反した場合，多額の制裁金が課せられます。

[23] こうした懸念を反映してか，Apple が 2023 年 5 月に発表した Apple Vision Pro は，執筆時点で開発者にカメラ映像へのアクセス機能を提供しない [100] と発表されており，慎重な対応がとられています。

すが，当事者・第三者双方からの信頼を得るためのデータの適正な管理・運用も重要です。産業向けに特定の場所や状況でのみウェアラブルカメラを使用する場合であっても，装着者および映像中に映り込む他者の情報に関する運用ポリシーを定め，関係者の同意を取得したり，オプトアウト[24]を提供したりするなど，適正なデータ管理の運用が必須です。総務省のカメラ画像利活用ガイドブック [106] や Aria Glasses のプライバシーポリシー [107] が参考になります。

[24] データ収集の目的・用途・利用範囲を明示し，データに自身の情報が含まれることを拒否する機会を保障することで，条件付きで当事者の同意を得ずにデータ収集を行う方法。

4.3 個人への適応

一人称視点映像では，装着者とともにカメラが屋内外を移動するため，三人称視点映像と比較して撮影条件のコントロールが難しくなります。また，ある環境や行動の出現頻度は個人の生活環境や習慣によって大きく変化するため，あらかじめ用意したモデルが特定の装着者の映像に対して最適であることは稀です。そのため，新たなユーザーや新たな環境に認識モデルを当てはめる個人適応（ドメイン適応）が実用上必要になります [108, 109, 110, 111]。

EPIC-KITCHENS データセットでは，人物行動認識タスクにおいて，撮影時期が異なる映像をテストデータとする教師なしドメイン適応（unsupervised domain adaptation; UDA）[25] ベンチマークを提供しています。手法としては，転移先のターゲットデータにアクセスできることを利用して，転移元と転移先の特徴量からドメインが区別できないように学習する方法や，複数のモダリティ間の整合性をとる方法などが有効 [84] と報告されています。EgoAdapt [111] および ARGO1M [112] は，Ego4D データセットを使用してより長時間の映像で個人・環境適応が必要になるベンチマークをそれぞれ提供しており，今後，より実環境に近い状況での評価が求められます。

[25] 転移学習において，教師ラベルをもつ転移元データで訓練したモデルを，教師ラベルをもたない転移先データに用いて，転移先ドメインで高い性能を得る技術。

5 一人称視点映像を撮る

本節では，一人称視点映像の撮影に使用するデバイスと，装着位置による特性の違いを紹介し，一人称視点映像を独自に集めるにあたってのポイントを概説します。

5.1 一人称ビジョンのデバイス

一人称ビジョン分野の初期から最もよく使われているのは，アクションカメラとしても有名な **GoPro HERO** シリーズ[26] です。GoPro は重量約 130 g 程度[27] と装着が容易であることや，スポーツなどのアクティビティ撮影向けに標準の視野角が非常に広い（対角 150 度）こと，手振れ補正があること，防水で使用場面を問わないことから，多くの研究で使われています。身体に装着するため

[26] 一般向けデバイスである GoPro ですが，外部ツールの GoPro Labs [113] や GPMF パーサー [114] を利用することで，QR コードによる自動設定や加速度データの取得が行えます。

[27] GoPro HERO8 Black の場合（バッテリー含む）。最新モデルは大型化が進み，やや重くなった一方，HERO11 からより縦長のアスペクト比 8 : 7 をサポートし，より広い範囲を撮影できるようになりました。

の各種マウントが充実している点も利点の 1 つです。

眼鏡型のデバイスは通常の眼鏡と同様の感覚で使え，人の眼に最も近い位置から撮影できることから，GoPro に次いで使用されています。頭部映像と視線計測を両立したデバイスとしては，**Tobii Pro** シリーズおよび **Pupil Labs** シリーズがよく使われますが，一般に高価です（数十万〜数百万円）[28]。また，映像を録画するだけではなく，計測内容に基づく処理結果をその場でユーザーに返す用途においては，**Vuzix Blade** シリーズなどの OS 搭載型のデバイスが適しています。

28) たとえば，Pupil Labs の最新バージョンである Neon は 5,900 ユーロ（約 93 万円）。

眼鏡型のデバイスの中でも特に注目を集めているものとして，Meta がデータ収集専用に開発した **Aria Glasses** があります。図 17 に示すように多数のセンサーを搭載しながら，重量 70 g という軽さを実現しています。カメラだけでも SLAM 用の超広角カメラ，環境認識用の広角カメラ，そして視線計測用の内向きのカメラを搭載し，一人称視点映像に加えて視線およびカメラの 3 次元軌跡を取得できます。このデバイスの主な目的は，Meta が今後の VR・AR デバイス開発で使うデータの収集にありますが，研究目的での使用を希望するパートナーに対し，同等のデバイスおよび開発者向けのソフトウェア群が提供されています。

また，このデバイスを用いて収集したデータセットとして，Aria Pilot Dataset [116] や Aria Digital Twin Dataset [94] がすでに公開されており，一人称ビジョン分野の研究開発に有用なデータとなることが期待されています。

しかしながら，いずれのデバイスも重量を抑えた結果，バッテリー容量が不足し，動画撮影の連続稼働時間は 30 分から 2 時間程度に留まっています。また，本体からの発熱も大きいことから装着は快適とはいえず，バッテリーや省電力化の技術の進化が待たれます。

5.2 装着位置による違い

頭部への装着は装着者の首振りに追従して動くこと，眼鏡型デバイスの場合には視線とほぼ平行の映像が得られることから，研究レベルでは標準的な設定として使われています。しかしながら，100 g 程度の重さであっても頭部にカメラを長時間装着するのは負担が大きいこと，激しい頭部運動による映像ぶれが発生することから，装着者にやさしく安定した映像を撮影できる設定として，首部や胸部への装着が実用的には多く採用されている印象です（たとえば [117]）。ただし，装着者の頭部の向きや視線方向を反映しないことや，横方向に伸ばした手が画面外に出てしまうことなどの欠点があります。手首はやや奇抜な設定ながら，スマートウォッチとの親和性の高さおよび手先を大写しにする特性から，手首視点映像による行動認識 [118] や手の 3 次元姿勢の認識 [119] などのタスクにおいて採用されています。

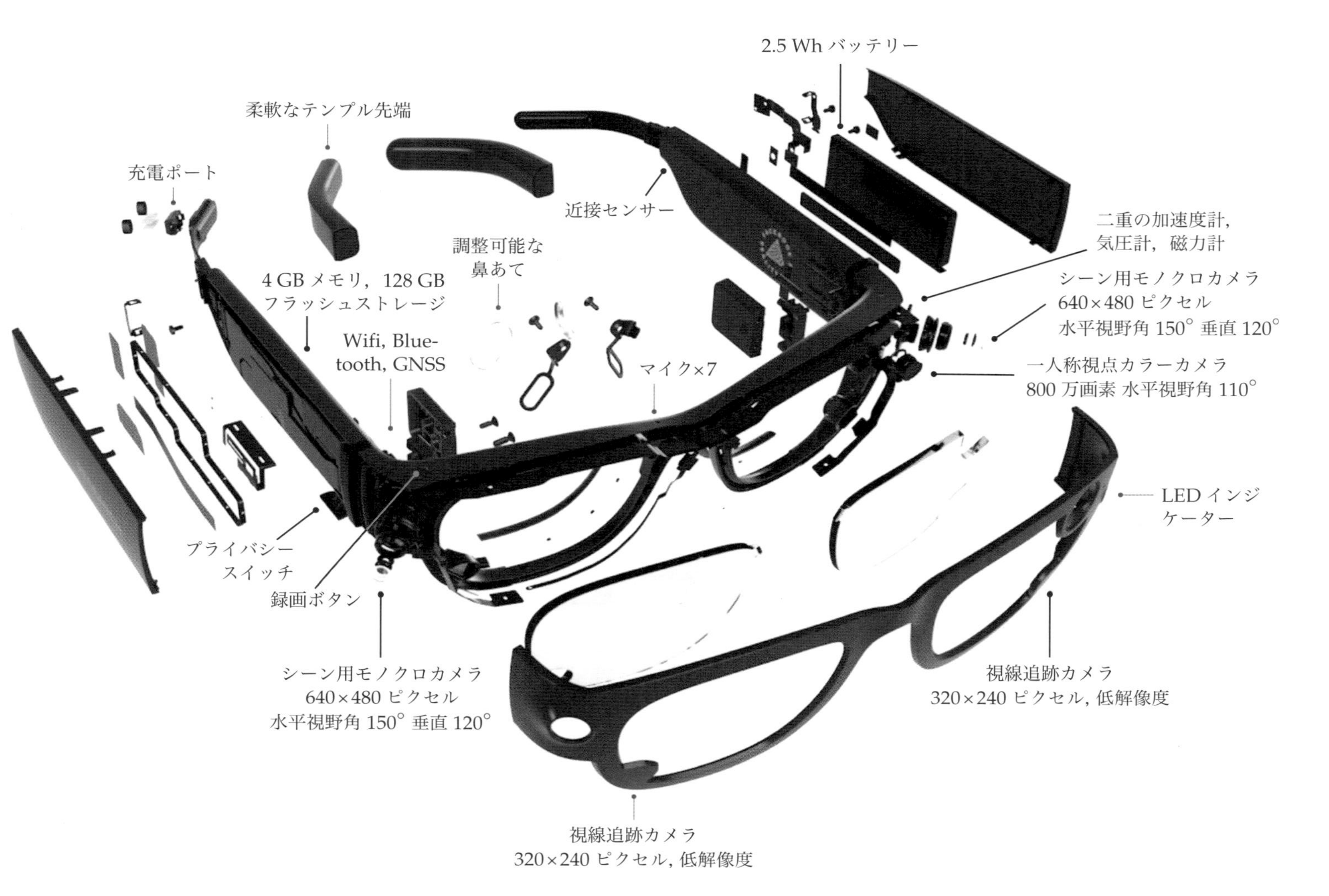

図 17　Aria Glasses に使用されているセンサーの一覧（[115] から引用・翻訳）

6　一人称ビジョンの応用

研究レベルでは注目を集めている一人称ビジョンですが，プライバシーの問題もあり，現時点で産業に普及しているとはいえません。とはいえ，アメリカ警察で証拠記録などのためにボディーカメラ（たとえば Axon [120]）が用いられる [121] など，用途や使用場面を工夫した実用的な応用例も各種登場しつつあります。本節では，一人称ビジョンの有望な応用先や事例を紹介します。

障がい者支援

一人称ビジョンに限らない CV 技術の重要な応用先の 1 つとして，生活に制限を抱える人や障がい者の支援があります [122]。1.1 項で紹介した SenseCam のほかに，視覚障がい者がスマートフォンで撮影した写真に関する質問に自動応答するシステムを目指す VizWiz [123] や，視覚障がい者の歩行時に衝突の危険を警告するスーツケース型のシステムである BBeep [124] [29]，頚髄損傷で手の運動機能に障がいを負った患者の運動機能の定量化 [125] など，視覚障がい者支援を中心としてさまざまな試みが行われています。

[29] 厳密にはスーツケース視点であり，一人称視点とは異なります。

2023 年 9 月に初めて一般に公開された GPT-4 の画像入力機能（GPT-4V）のプロトタイプ版の最初の利用先として，スマートフォンアプリを介したボランティアとのビデオ通話により，視覚障がい者にさまざまな支援を提供する Be My Eyes [126] が選ばれたことからも，CV 技術が障がい者支援の有用な手段として期待されていることがわかります。

VR・AR

仮想現実（VR）および拡張現実（AR）も，ユーザーの手の位置・姿勢や周辺環境を認識する必要がある点で，一人称ビジョンの重要な応用先の 1 つです。多くの VR・AR デバイスの下部には環境認識用の広角カメラが配置されており，そこから装着者の身体および手指の姿勢を推定することで，より世界に没入した体験を提供したり，手指を使ったより直感的な操作を提供したりすることが可能になります。特に現実世界に対してバーチャルな情報を正確に重畳する必要がある AR においては，物体の 3 次元位置の正確な認識や，装着者の将来行動の予測が求められ，Aria Digital Twin [94] に代表される AR シナリオに耐えうるモデルの開発が求められています。

作業支援・技能理解

労働人口の減少による人手不足に伴い，製造業では，製品の組み立てやメンテナンスなどの作業において，熟練の作業者を十分に確保できないことが問題となっています。そこで，作業者が装着したウェアラブルカメラの映像から現在の作業状況を認識し，それに対する指示や誤りの指摘を自動で行って作業を支援することが考えられます。研究レベルでは，少数の見本動画からの案内生成 [127] や，映像からの手順誤り検出 [52]，AR デバイスを用いた組み立て作業支援インターフェースの検証 [128] などが行われてきました。産業界においては現状，オペレーターが作業者の一人称視点映像を見ながら作業者と通話する遠隔支援に留まっています [129, 130, 131] が，今後オペレーターを介さない自動での作業状況の認識やアドバイスの提供が望まれます。

同様の文脈において，作業者が特定の作業に関してどの程度熟練しているかを映像から判定する**技能推定**（skill assessment）[132, 133] も，作業者の能力を定量化できる点で有用です。製造業以外には，スポーツ [134]，外科手術 [135, 136]，音楽などの分野の行動理解にも有用であり，学術・産業双方によって魅力的な分野となっています。

ロボティクス

労働人口の減少に対して，人の技能をロボットに転写し，各種タスクをロボットによって自動化することも，有望な応用先の 1 つです。人が，作業を行う他者の様子を観察してそれを真似るように，ロボットが人間の教示者の行動を模倣して同じ作業を行うことができれば，労働力の代替に繋がります。こうした人間の教示からの学習においても，人のさまざまな動作をその人自身の視点から見た一人称視点映像は有用です。

台車ロボットのナビゲーション [137, 138]，環境と行動の関係性の事前学習 [11]，ロボットアームの動作の事前学習 [139, 140]，環境中のアフォーダンスおよび動作軌跡の学習 [141] などにおいて，一人称視点の観測が有用であることが示されたほか，人とロボットが共同で作業する際の教示としても優れていることが報告されています [142]。

たとえば，図 18 の例 [141] では，人が家具や道具を使う様子を撮影した一人称視点映像から各動作を行う際の接触点（どこを触るか）およびその軌跡（どう動かすか）を学習し，ロボットアームに同様の動きを転写する手法を提案しています。

おわりに：人間中心の CV 技術に向けて

本稿では，一人称ビジョンの基礎およびその最新動向を広く紹介してきました。一人称ビジョンは単一の技術や分野ではなく，人間を中心とした世界の理解を実現するための考え方であることをご理解いただけたかと思います。最後に，今後の展望に関する私見を述べて本稿を締めくくります。

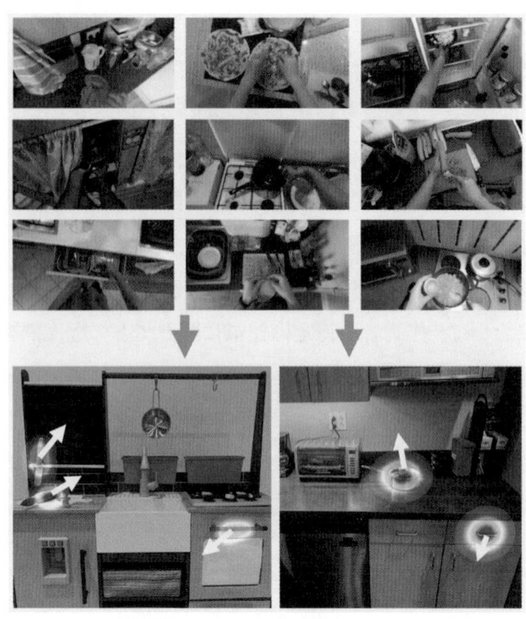

(a) 視覚的アフォーダンスの学習

(b) ロボットへの適用

図 18　一人称視点映像から獲得したアフォーダンスを用いたロボットアームでの動作実行（[141] より引用・翻訳）

他のモダリティとの協調

実世界の行動や現象を理解するにあたって，視覚情報はその一部でしかありません。高度なプランニングや指示の理解には，言語の理解および生成が欠かせませんし，会話や視界の外で起きるイベントの理解には，音声や環境音が必要です。加速度計 [143]，音声 [144]，イベントカメラ [145] などのセンサーを組み合わせた研究はあるものの，現状単発の効果検証に留まっており，大規模言語モデルを利用した高度なデータ拡張 [144] や，画像・言語・音声モデルの統合によるゼロショット推論 [146] など，異なるモダリティの情報を結び付けることによって初めて解ける問題への取り組みが今後求められるでしょう。

内部状態の認識

本稿で紹介した文献のほとんどは，その瞬間の見た目で明らかな現象（人の動きや物体の見た目）を扱っています。一方で，作業支援などの実用的なタスクを解決するためには，物体の状態（例：卵が半熟，タイヤの空気が抜けている）[147] や，部品の組み立て状態（例：マニュアル中のどの部品をどう組み合わせたか），作業の進行状況（例：科学・生物学実験において試薬をどこまで加えたか）といった，必ずしも見た目から明確でない内部状態と人の行動との関係を柔軟に認識する技術を確立することが必要と思われます。こうした高度なタスクに対しても，人の行動とその作用を精細に映す一人称視点映像の利点が活かせるでしょう。

さらに知りたい方へ

初期の一人称ビジョンの取り組みを網羅したサーベイとして，2015 年の Betancourt らのサーベイ [148] があります。より新しいものとしては，一人称ビジョンの現在の技術とその将来展望について包括的に議論したテクニカルレポート [149] があります。タスク別のサーベイとしては，行動認識 [12]，将来予測 [66]，手解析 [34] に関するものがあります。CVPR，ICCV，ECCV などの国際会議では，半年に 1 回のペースで一人称視点映像解析に関するワークショップ（たとえば CVPR2023 は文献 [150] を参照）が開かれており，EPIC-KITCHENS および Ego4D データセットを用いたチャレンジの開催報告や，最新の研究報告が行われています。

本稿をきっかけに，一人称ビジョン分野の研究やその応用に携わる方が増えれば幸いです。

参考文献

[1] Dima Damen, Hazel Doughty, Giovanni M. Farinella, Sanja Fidler, Antonino Furnari, Evangelos Kazakos, Davide Moltisanti, Jonathan Munro, Toby Perrett, Will Price, et al. Scaling egocentric vision: The EPIC-KITCHENS dataset. In *Proceedings of the European Conference on Computer Vision*, pp. 720–736, 2018.

[2] Vannevar Bush. As we may think. *The atlantic monthly*, Vol. 176, No. 1, pp. 101–108, 1945.

[3] Steve Mann. Wearable computing: A first step toward personal imaging. *Computer*, Vol. 30, No. 2, pp. 25–32, 1997.

[4] Steve Hodges, Lyndsay Williams, Emma Berry, Shahram Izadi, James Srinivasan, Alex Butler, Gavin Smyth, Narinder Kapur, and Ken Wood. SenseCam: A retrospective memory aid. In *Proceedings of the International Conference of Ubiquitous Computing* , pp. 177–193. Springer, 2006.

[5] First Workshop on Egocentric Vision. https://web.archive.org/web/20121028024803/http://www.seattle.intel-research.net/egovision09/.

[6] CVPR Tutorial: First Person Vision. https://www-users.cse.umn.edu/~hspark/FirstPersonVision/CVPR%20Tutorial_intro.pdf.

[7] Nishant Rai, Haofeng Chen, Jingwei Ji, Rishi Desai, Kazuki Kozuka, Shun Ishizaka, Ehsan Adeli, and Juan C. Niebles. Home action genome: Cooperative compositional action understanding. In *Proceedings of the IEEE/CVF Computer Vision and Pattern Recognition*, pp. 11184–11193, 2021.

[8] Linda Smith and Michael Gasser. The development of embodied cognition: Six lessons from babies. *Artificial life*, Vol. 11, No. 1-2, pp. 13–29, 2005.

[9] 吉安祐介, 福嶋瑠唯, 村田哲也. フカヨミ Embodied AI. コンピュータビジョン最前線 Spring 2023. 共立出版, 2023.

[10] Dinesh Jayaraman and Kristen Grauman. Learning image representations tied to ego-motion. In *Proceedings of the IEEE International Conference on Computer Vision*, pp. 1413–1421, 2015.

[11] Tushar Nagarajan and Kristen Grauman. Shaping embodied agent behavior with activity-context priors from egocentric video. *Proceedings of the Advances in Neural Information Processing Systems*, Vol. 34, pp. 29794–29805, 2021.

[12] Adrián Núñez-Marcos, Gorka Azkune, and Ignacio Arganda-Carreras. Egocentric vision-based action recognition: A survey. *Neurocomputing*, Vol. 472, pp. 175–197, 2022.

[13] Yin Li, Zhefan Ye, and James M. Rehg. Delving into egocentric actions. In *Proceedings of the IEEE Computer Vision and Pattern Recognition*, pp. 287–295, 2015.

[14] Yin Li, Miao Liu, and Jame Rehg. In the eye of the beholder: Gaze and actions in first person video. *IEEE Transactions on Pattern Analysis and Machine Intelligence*, Vol. 45, pp. 6731–6747, 2023.

[15] Dima Damen, Hazel Doughty, Giovanni M. Farinella, Antonino Furnari, Jian Ma, Evangelos Kazakos, Davide Moltisanti, Jonathan Munro, Toby Perrett, Will Price, and Michael Wray. Rescaling egocentric vision: Collection, pipeline and challenges for EPIC-KITCHENS-100. *International Journal of Computer Vision*, Vol. 130, pp. 33–55, 2022.

[16] EPIC KITCHENS. https://epic-kitchens.github.io/2023.

[17] Christoph Feichtenhofer, Haoqi Fan, Jitendra Malik, and Kaiming He. Slowfast networks for video recognition. In *Proceedings of the IEEE/CVF International Conference on Computer Vision*, pp. 6202–6211, 2019.

[18] Chen-Lin Zhang, Jianxin Wu, and Yin Li. ActionFormer: Localizing moments of actions with Transformers. In *Proceedings of the European Conference on Computer Vision*, pp. 492–510, 2022.

[19] Hao Jiang and Kristen Grauman. Seeing invisible poses: Estimating 3D body pose from egocentric video. In *Proceedings of the IEEE/CVF Computer Vision and Pattern Recognition*, pp. 3501–3509, 2017.

[20] Ye Yuan and Kris Kitani. Ego-pose estimation and forecasting as real-time PD control. In *Proceedings of the IEEE/CVF International Conference on Computer Vision*, pp. 10082–10092, 2019.

[21] Jiaman Li, Karen Liu, and Jiajun Wu. Ego-body pose estimation via ego-head pose estimation. In *Proceedings of the IEEE/CVF Computer Vision and Pattern Recognition*, pp. 17142–17151, 2023.

[22] Jian Wang, Lingjie Liu, Weipeng Xu, Kripasindhu Sarkar, Diogo Luvizon, and Christian Theobalt. Estimating egocentric 3D human pose in the wild with external weak supervision. In *Proceedings of the IEEE/CVF Computer Vision and Pattern Recognition*, pp. 13157–13166, 2022.

[23] Hiroyasu Akada, Jian Wang, Soshi Shimada, Masaki Takahashi, Christian Theobalt, and Vladislav Golyanik. UnrealEgo: A new dataset for robust egocentric 3D human motion capture. In *Proceedings of the European Conference on Computer Vision*, pp. 1–17. Springer, 2022.

[24] 朱田浩康. イマドキノ バーチャルヒューマン. コンピュータビジョン最前線 Autumn 2023. 共立出版, 2023.

[25] Alfred L. Yarbus. *Eye Movements and Vision*. Plenum Press, 1967.

[26] Akihiro Tsukada, Motoki Shino, Michael Devyver, and Takeo Kanade. Illumination-free gaze estimation method for first-person vision wearable device. In *IEEE International Conference on Computer Vision Workshops*, pp. 2084–2091. IEEE, 2011.

[27] Yin Li, Alireza Fathi, and James M. Rehg. Learning to predict gaze in egocentric video. In *Proceedings of the IEEE/CVF International Conference on Computer Vision*, pp. 3216–3223, 2013.

[28] Yifei Huang, Minjie Cai, Zhenqiang Li, and Yoichi Sato. Predicting gaze in egocentric video by learning task-dependent attention transition. In *Proceedings of the European Conference on Computer Vision*, pp. 754–769, 2018.

[29] Yifei Huang, Minjie Cai, Zhenqiang Li, Feng Lu, and Yoichi Sato. Mutual context network for jointly estimating egocentric gaze and action. *IEEE Transactions on Image Processing*, Vol. 29, pp. 7795–7806, 2020.

[30] Zhiming Hu, Andreas Bulling, Sheng Li, and Guoping Wang. EHTask: Recognizing user tasks from eye and head movements in immersive virtual reality. *IEEE Transactions on Visualization and Computer Graphics*, Vol. 29, No. 4, pp. 1992–2004, 2023.

[31] Xucong Zhang, Yusuke Sugano, and Andreas Bulling. Everyday eye contact detection using unsupervised gaze target discovery. In *Proceedings of the 30th Annual ACM Symposium on User Interface Software and Technology*, pp. 193–203, 2017.

[32] Julian Steil, Philipp Müller, Yusuke Sugano, and Andreas Bulling. Forecasting user attention during everyday mobile interactions using device-integrated and wearable sensors. In *Proceedings of the 20th International Conference on Human-Computer*

Interaction with Mobile Devices and Services, pp. 1–13, 2018.

[33] Michael Land, Neil Mennie, and Jennifer Rusted. The roles of vision and eye movements in the control of activities of daily living. *Perception*, Vol. 28, No. 11, pp. 1311–1328, 1999.

[34] Andrea Bandini and José Zariffa. Analysis of the hands in egocentric vision: A survey. *IEEE Transactions on Pattern Analysis and Machine Intelligence*, Vol. 45, No. 6, pp. 6846–6866, 2023.

[35] Sven Bambach, Stefan Lee, David J. Crandall, and Chen Yu. Lending a hand: Detecting hands and recognizing activities in complex egocentric interactions. In *Proceedings of the IEEE International Conference on Computer Vision*, pp. 1949–1957, 2015.

[36] Takehiko Ohkawa, Kun He, Fadime Sener, Tomas Hodan, Luan Tran, and Cem Keskin. AssemblyHands: Towards egocentric activity understanding via 3D hand pose estimation. In *Proceedings of the IEEE/CVF Computer Vision and Pattern Recognition*, pp. 12999–13008, 2023.

[37] Dandan Shan, Jiaqi Geng, Michelle Shu, and David F. Fouhey. Understanding human hands in contact at internet scale. In *Proceedings of the IEEE/CVF Computer Vision and Pattern Recognition*, pp. 9866–9875, 2020.

[38] Takuma Yagi, Md Tasnimul Hasan, and Yoichi Sato. Hand-object contact prediction via motion-based pseudo-labeling and guided progressive label correction. In *Proceedings of the British Machine Vision Conference*, 2021.

[39] Dandan Shan, Richard Higgins, and David Fouhey. COHESIV: Contrastive object and hand embedding segmentation in video. *Proceedings of the Advances in Neural Information Processing Systems*, Vol. 34, pp. 5898–5909, 2021.

[40] Lingzhi Zhang, Shenghao Zhou, Simon Stent, and Jianbo Shi. Fine-grained egocentric hand-object segmentation: Dataset, model, and applications. In *Proceedings of the European Conference on Computer Vision*, pp. 127–145, 2022.

[41] Yana Hasson, Gul Varol, Dimitrios Tzionas, Igor Kalevatykh, Michael J. Black, Ivan Laptev, and Cordelia Schmid. Learning joint reconstruction of hands and manipulated objects. In *Proceedings of the IEEE/CVF Computer Vision and Pattern Recognition*, pp. 11807–11816, 2019.

[42] Zhe Cao, Ilija Radosavovic, Angjoo Kanazawa, and Jitendra Malik. Reconstructing hand-object interactions in the wild. In *Proceedings of the IEEE/CVF International Conference on Computer Vision*, pp. 12417–12426, 2021.

[43] Yufei Ye, Abhinav Gupta, and Shubham Tulsiani. What's in your hands? 3D reconstruction of generic objects in hands. In *Proceedings of the IEEE/CVF Conference on Computer Vision and Pattern Recognition*, pp. 3895–3905, 2022.

[44] Zicong Fan, Omid Taheri, Dimitrios Tzionas, Muhammed Kocabas, Manuel Kaufmann, Michael J. Black, and Otmar Hilliges. ARCTIC: A dataset for dexterous bimanual hand-object manipulation. In *Proceedings of the IEEE/CVF Computer Vision and Pattern Recognition*, pp. 12943–12954, 2023.

[45] Shaowei Liu, Subarna Tripathi, Somdeb Majumdar, and Xiaolong Wang. Joint hand

motion and interaction hotspots prediction from egocentric videos. In *Proceedings of the IEEE/CVF Computer Vision and Pattern Recognition*, pp. 3282–3292, 2022.

[46] Thomas Feix, Javier Romero, Heinz-Bodo Schmiedmayer, Aaron M. Dollar, and Danica Kragic. The grasp taxonomy of human grasp types. *IEEE Transactions on Human-Machine Systems*, Vol. 46, No. 1, pp. 66–77, 2015.

[47] Minjie Cai, Kris M. Kitani, and Yoichi Sato. Understanding hand-object manipulation with grasp types and object attributes. In *Robotics: Science and Systems*, Vol. 3, 2016.

[48] Mohit Goyal, Sahil Modi, Rishabh Goyal, and Saurabh Gupta. Human hands as probes for interactive object understanding. In *Proceedings of the IEEE/CVF Computer Vision and Pattern Recognition*, pp. 3293–3303, 2022.

[49] Priyanka Mandikal and Kristen Grauman. DexVIP: Learning dexterous grasping with human hand pose priors from video. In *Proceedings of the 5th Conference on Robot Learning*, Vol. 164 of *Proceedings of Machine Learning Research*, pp. 651–661, 2022.

[50] Yu-Wei Chao, Wei Yang, Yu Xiang, Pavlo Molchanov, Ankur Handa, Jonathan Tremblay, Yashraj S. Narang, Karl Van Wyk, Umar Iqbal, Stan Birchfield, et al. DexYCB: A benchmark for capturing hand grasping of objects. In *Proceedings of the IEEE/CVF Computer Vision and Pattern Recognition*, pp. 9044–9053, 2021.

[51] Taein Kwon, Bugra Tekin, Jan Stühmer, Federica Bogo, and Marc Pollefeys. H2O: Two hands manipulating objects for first person interaction recognition. In *Proceedings of the IEEE/CVF International Conference on Computer Vision*, pp. 10138–10148, 2021.

[52] Fadime Sener, Dibyadip Chatterjee, Daniel Shelepov, Kun He, Dipika Singhania, Robert Wang, and Angela Yao. Assembly101: A large-scale multi-view video dataset for understanding procedural activities. In *Proceedings of the IEEE/CVF Computer Vision and Pattern Recognition*, pp. 21096–21106, 2022.

[53] Adam Kendon. *Spatial organization in social encounters: The F-formation system*, Conducting Interaction: Patterns of Behavior in Focused Encounters. Cambridge University Press, 1990.

[54] Stefano Alletto, Giuseppe Serra, Simone Calderara, and Rita Cucchiara. Understanding social relationships in egocentric vision. *Pattern Recognition*, Vol. 48, No. 12, pp. 4082–4096, 2015.

[55] Hyun S. Park and Jianbo Shi. Social saliency prediction. In *Proceedings of the IEEE Computer Vision and Pattern Recognition*, pp. 4777–4785, 2015.

[56] Hao Jiang, Calvin Murdock, and Vamsi K. Ithapu. Egocentric deep multi-channel audio-visual active speaker localization. In *Proceedings of the IEEE/CVF Conference on Computer Vision and Pattern Recognition*, pp. 10544–10552, 2022.

[57] Kristen Grauman, Andrew Westbury, Eugene Byrne, Zachary Chavis, Antonino Furnari, Rohit Girdhar, Jackson Hamburger, Hao Jiang, Miao Liu, Xingyu Liu, et al. Ego4D: Around the world in 3,000 hours of egocentric video. In *Proceedings of the IEEE/CVF Computer Vision and Pattern Recognition*, pp. 18995–19012, 2022.

[58] Fiona Ryan, Hao Jiang, Abhinav Shukla, James M. Rehg, and Vamsi K. Ithapu. Egocentric auditory attention localization in conversations. In *Proceedings of the IEEE/CVF Computer Vision and Pattern Recognition*, pp. 14663–14674, 2023.

[59] Tushar Nagarajan, Yanghao Li, Christoph Feichtenhofer, and Kristen Grauman. Ego-Topo: Environment affordances from egocentric video. In *Proceedings of the IEEE/CVF Computer Vision and Pattern Recognition*, pp. 163–172, 2020.

[60] Miao Liu, Lingni Ma, Kiran Somasundaram, Yin Li, Kristen Grauman, James M. Rehg, and Chao Li. Egocentric activity recognition and localization on a 3D map. In *Proceedings of the European Conference on Computer Vision*, pp. 621–638. Springer, 2022.

[61] Yiming Li, Ziang Cao, Andrew Liang, Benjamin Liang, Luoyao Chen, Hang Zhao, and Chen Feng. Egocentric prediction of action target in 3D. In *Proceedings of the IEEE/CVF Computer Vision and Pattern Recognition*, pp. 21003–21012, 2022.

[62] Samyak Datta, Sameer Dharur, Vincent Cartillier, Ruta Desai, Mukul Khanna, Dhruv Batra, and Devi Parikh. Episodic memory question answering. In *Proceedings of the IEEE/CVF Computer Vision and Pattern Recognition*, pp. 19119–19128, 2022.

[63] Baoxiong Jia, Ting Lei, Song-Chun Zhu, and Siyuan Huang. EgoTaskQA: Understanding human tasks in egocentric videos. *Proceedings of the Advances in Neural Information Processing Systems*, Vol. 35, pp. 3343–3360, 2022.

[64] Tien Do, Khiem Vuong, and Hyun S. Park. Egocentric scene understanding via multimodal spatial rectifier. In *Proceedings of the IEEE/CVF Computer Vision and Pattern Recognition*, pp. 2832–2841, 2022.

[65] Vadim Tschernezki, Ahmad Darkhalil, Zhifan Zhu, David Fouhey, Iro Larina, Diane Larlus, Dima Damen, and Andrea Vedaldi. EPIC Fields: Marrying 3D geometry and video understanding. *Computing Research Repository*, 2023.

[66] Ivan Rodin, Antonino Furnari, Dimitrios Mavroeidis, and Giovanni M. Farinella. Predicting the future from first person (egocentric) vision: A survey. *Computer Vision and Image Understanding*, Vol. 211, p. 103252, 2021.

[67] Antonino Furnari and Giovanni M. Farinella. What would you expect? Anticipating egocentric actions with rolling-unrolling lstms and modality attention. In *Proceedings of the IEEE/CVF International Conference on Computer Vision*, pp. 6252–6261, 2019.

[68] Rohit Girdhar and Kristen Grauman. Anticipative video Transformer. In *Proceedings of the IEEE/CVF International Conference on Computer Vision*, pp. 13505–13515, 2021.

[69] Megha Nawhal, Akash A. Jyothi, and Greg Mori. Rethinking learning approaches for long-term action anticipation. In *Proceedings of the European Conference on Computer Vision*, pp. 558–576. Springer, 2022.

[70] Hyun S. Park, Jyh-Jing Hwang, Yedong Niu, and Jianbo Shi. Egocentric future localization. In *Proceedings of the IEEE Computer Vision and Pattern Recognition*, pp. 4697–4705, 2016.

[71] Takuma Yagi, Karttikeya Mangalam, Ryo Yonetani, and Yoichi Sato. Future person localization in first-person videos. In *Proceedings of the IEEE/CVF Computer Vision*

and Pattern Recognition, pp. 7593–7602, 2018.

[72] Antonino Furnari and Giovanni M. Farinella. Streaming egocentric action anticipation: An evaluation scheme and approach. *Computer Vision and Image Understanding*, p. 103763, 2023.

[73] Harshayu Girase, Nakul Agarwal, Chiho Choi, and Karttikeya Mangalam. Latency matters: Real-time action forecasting Transformer. In *Proceedings of the IEEE/CVF Computer Vision and Pattern Recognition*, pp. 18759–18769, 2023.

[74] Yanghao Li, Tushar Nagarajan, Bo Xiong, and Kristen Grauman. Ego-Exo: Transferring visual representations from third-person to first-person videos. In *Proceedings of the IEEE/CVF Computer Vision and Pattern Recognition*, pp. 6943–6953, 2021.

[75] Chenyou Fan, Jangwon Lee, Mingze Xu, Krishna K. Singh, Yong J. Lee, David J. Crandall, and Michael S. Ryoo. Identifying first-person camera wearers in third-person videos. In *Proceedings of the IEEE Computer Vision and Pattern Recognition*, 2017.

[76] Mingze Xu, Chenyou Fan, Yuchen Wang, Michael S. Ryoo, and David J. Crandall. Joint person segmentation and identification in synchronized first-and third-person videos. In *Proceedings of the European Conference on Computer Vision*, pp. 637–652, 2018.

[77] Shervin Ardeshir and Ali Borji. Egocentric meets top-view. *IEEE Transactions on Pattern Analysis and Machine Intelligence*, Vol. 41, No. 6, pp. 1353–1366, 2018.

[78] Gunnar A. Sigurdsson, Abhinav Gupta, Cordelia Schmid, Ali Farhadi, and Karteek Alahari. Actor and observer: Joint modeling of first and third-person videos. In *Proceedings of the IEEE/CVF Computer Vision and Pattern Recognition*, pp. 7396–7404, 2018.

[79] Francesco Ragusa, Antonino Furnari, Salvatore Livatino, and Giovanni M. Farinella. The meccano dataset: Understanding human-object interactions from egocentric videos in an industrial-like domain. In *Proceedings of the IEEE/CVF Winter Conference on Applications of Computer Vision*, pp. 1569–1578, 2021.

[80] Youngkyoon Jang, Brian Sullivan, Casimir Ludwig, Iain Gilchrist, Dima Damen, and Walterio Mayol-Cuevas. EPIC-Tent: An egocentric video dataset for camping tent assembly. In *Proceedings of the IEEE/CVF International Conference on Computer Vision Workshops*, 2019.

[81] Siddhant Bansal, Chetan Arora, and CV Jawahar. My view is the best view: Procedure learning from egocentric videos. In *Proceedings of the European Conference on Computer Vision*, pp. 657–675, 2022.

[82] Chao-Yuan Wu and Philipp Krahenbuhl. Towards long-form video understanding. In *Proceedings of the IEEE/CVF Computer Vision and Pattern Recognition*, pp. 1884–1894, 2021.

[83] 西村太一, 迫田航次郎, 牛久敦, 橋本敦史, 奥田奈津子, 小野富三人, 亀甲博貴, 森信介. BioVL2 データセット：生化学分野における一人称視点の実験映像への言語アノテーション. 自然言語処理, Vol. 29, No. 4, pp. 1106–1137, 2022.

[84] EPIC-KITCHENS-100- 2022 Challenges Report. https://epic-kitchens.github.io/R

eports/EPIC-KITCHENS-Challenges-2022-Report.pdf.

[85] Dima Damen and Michael Wray. Supervision levels scale (SLS). *Computing Research Repository*, 2020.

[86] Ahmad Darkhalil, Dandan Shan, Bin Zhu, Jian Ma, Amlan Kar, Richard Higgins, Sanja Fidler, David Fouhey, and Dima Damen. EPIC-KITCHENS VISOR benchmark: Video segmentations and object relations. *Proceedings of the Advances in Neural Information Processing Systems*, Vol. 35, pp. 13745–13758, 2022.

[87] Jaesung Huh, Jacob Chalk, Evangelos Kazakos, Dima Damen, and Andrew Zisserman. EPIC-SOUNDS: A large-scale dataset of actions that sound. In *Proceedings of the IEEE International Conference on Acoustics, Speech and Signal Processing*, pp. 1–5, 2023.

[88] Matteo Dunnhofer, Antonino Furnari, Giovanni M. Farinella, and Christian Micheloni. Visual object tracking in first person vision. *International Journal of Computer Vision*, Vol. 131, No. 1, pp. 259–283, 2023.

[89] Kevin Q. Lin, Jinpeng Wang, Mattia Soldan, Michael Wray, Rui Yan, Eric Z. XU, Difei Gao, Rong-Cheng Tu, Wenzhe Zhao, Weijie Kong, et al. Egocentric video-language pretraining. *Proceedings of the Advances in Neural Information Processing Systems*, Vol. 35, pp. 7575–7586, 2022.

[90] Antoine Miech, Dimitri Zhukov, Jean-Baptiste Alayrac, Makarand Tapaswi, Ivan Laptev, and Josef Sivic. HowTo100M: Learning a text-video embedding by watching hundred million narrated video clips. In *Proceedings of the IEEE/CVF International Conference on Computer Vision*, pp. 2630–2640, 2019.

[91] Fabian C. Heilbron, Victor Escorcia, Bernard Ghanem, and Juan C. Niebles. ActivityNet: A large-scale video benchmark for human activity understanding. In *Proceedings of the IEEE Computer Vision and Pattern Recognition*, pp. 961–970, 2015.

[92] Krishna K. Singh, Kayvon Fatahalian, and Alexei A. Efros. KrishnaCam: Using a longitudinal, single-person, egocentric dataset for scene understanding tasks. In *Proceedings of the IEEE/CVF Winter Conference on Applications of Computer Vision*, pp. 1–9, 2016.

[93] Guillermo Garcia-Hernando, Shanxin Yuan, Seungryul Baek, and Tae-Kyun Kim. First-person hand action benchmark with RGB-D videos and 3D hand pose annotations. In *Proceedings of the IEEE/CVF Computer Vision and Pattern Recognition*, pp. 409–419, 2018.

[94] Xiaqing Pan, Nicholas Charron, Yongqian Yang, Scott Peters, Thomas Whelan, Chen Kong, Omkar Parkhi, Richard Newcombe, et al. Aria digital twin: A new benchmark dataset for egocentric 3D machine perception. In *Proceedings of the IEEE/CVF International Conference on Computer Vision*, 2023.

[95] 櫻田健. *Visual SLAM*, CVIM チュートリアル, 第 1 巻. 共立出版, 2023.

[96] Johannes L. Schonberger and Jan-Michael Frahm. Structure-from-motion revisited. In *Proceedings of the IEEE Computer Vision and Pattern Recognition*, pp. 4104–4113, 2016.

[97] Zachary Teed and Jia Deng. Droid-SLAM: Deep visual slam for monocular, stereo,

and RGB-D cameras. *Proceedings of the Advances in Neural Information Processing Systems*, Vol. 34, pp. 16558–16569, 2021.

[98] Vadim Tschernezki, Diane Larlus, and Andrea Vedaldi. NeuralDiff: Segmenting 3D objects that move in egocentric videos. In *Proceedings of the International Conference on 3D Vision*, pp. 910–919, 2021.

[99] Cafes ban Google glasses to protect customers' privacy: Fears users of futuristic eyewear can record without permission. https://www.dailymail.co.uk/sciencetech/article-2323578/Cafes-ban-Google-glasses-protect-customers-privacy-Fears-users-futuristic-eyewear-record-permission.html.

[100] Enhance your iPad and iPhone apps for the Shared Space - WWDC23 - Videos - Apple Developer. https://developer.apple.com/videos/play/wwdc2023/10094/?time=588.

[101] Roberto Hoyle, Robert Templeman, Denise Anthony, David Crandall, and Apu Kapadia. Sensitive lifelogs: A privacy analysis of photos from wearable cameras. In *Proceedings of the 33rd Annual ACM Conference on Human Factors in Computing Systems*, pp. 1645–1648, 2015.

[102] Yair Poleg, Chetan Arora, and Shmuel Peleg. Head motion signatures from egocentric videos. In *Proceedings of the Asian Conference on Computer Vision*, pp. 315–329. Springer, 2015.

[103] Daksh Thapar, Aditya Nigam, and Chetan Arora. Anonymizing egocentric videos. In *Proceedings of the IEEE/CVF International Conference on Computer Vision*, pp. 2320–2329, 2021.

[104] Michael Ryoo, Brandon Rothrock, Charles Fleming, and Hyun J. Yang. Privacy-preserving human activity recognition from extreme low resolution. In *Proceedings of the AAAI Conference on Artificial Intelligence*, Vol. 31, pp. 4255–4262, 2017.

[105] Zhongzheng Ren, Yong J. Lee, and Michael S. Ryoo. Learning to anonymize faces for privacy preserving action detection. In *Proceedings of the European Conference on Computer Vision*, pp. 620–636, 2018.

[106] カメラ画像利活用ガイドブック ver3.0. https://www.meti.go.jp/press/2021/03/20220330001/20220330001.html.

[107] Project Aria Privacy Policy. https://about.meta.com/realitylabs/projectaria/privacy-policy/.

[108] Jonathan Munro and Dima Damen. Multi-modal domain adaptation for fine-grained action recognition. In *Proceedings of the IEEE/CVF Computer Vision and Pattern Recognition*, pp. 122–132, 2020.

[109] Minjie Cai, Feng Lu, and Yoichi Sato. Generalizing hand segmentation in egocentric videos with uncertainty-guided model adaptation. In *Proceedings of the IEEE/CVF Computer Vision and Pattern Recognition*, pp. 14392–14401, 2020.

[110] Chiara Plizzari, Toby Perrett, Barbara Caputo, and Dima Damen. What can a cook in Italy teach a mechanic in India? Action recognition generalisation over scenarios and locations. In *Proceedings of the IEEE/CVF International Conference on Computer Vision*, 2023.

[111] Matthias De Lange, Hamid Eghbalzadeh, Reuben Tan, Michael Iuzzolino, Franziska Meier, and Karl Ridgeway. EgoAdapt: A multi-stream evaluation study of adaptation to real-world egocentric user video. *Computing Research Repository*, 2023.

[112] Chiara Plizzari, Toby Perrett, Barbara Caputo, and Dima Damen. What can a cook in Italy teach a mechanic in India? Action recognition generalisation over scenarios and locations. In *Proceedings of the IEEE/CVF International Conference on Computer Vision*, pp. 13656–13666, 2023.

[113] GoPro Labs. https://gopro.github.io/labs/.

[114] gopro/gpmf-parser: Parser for GPMF™ formatted telemetry data used within GoPro® cameras. https://github.com/gopro/gpmf-parser.

[115] Project Aria. https://www.projectaria.com/.

[116] Project Aria Pilot Dataset. https://www.projectaria.com/datasets/apd/.

[117] Takuma Yagi, Takumi Nishiyasu, Kunimasa Kawasaki, Moe Matsuki, and Yoichi Sato. GO-Finder: A registration-free wearable system for assisting users in finding lost hand-held objects. *ACM Transactions on Interactive Intelligent Systems*, Vol. 12, No. 4, pp. 1–29, 2022.

[118] Katsunori Ohnishi, Atsushi Kanehira, Asako Kanezaki, and Tatsuya Harada. Recognizing activities of daily living with a wrist-mounted camera. In *Proceedings of the IEEE/CVF Computer Vision and Pattern Recognition*, pp. 3103–3111, 2016.

[119] Erwin Wu, Ye Yuan, Hui-Shyong Yeo, Aaron Quigley, Hideki Koike, and Kris M. Kitani. Back-hand-pose: 3D hand pose estimation for a wrist-worn camera via dorsum deformation network. In *Proceedings of the 33rd Annual ACM Symposium on User Interface Software and Technology*, pp. 1147–1160, 2020.

[120] Axon: Protect Life. https://www.axon.com/.

[121] Popular Mechanics. How Police Officer Body Cameras Work. https://www.popularmechanics.com/military/a11668/how-police-officer-body-cams-work-obama-ferguson-17490512/.

[122] Marco Leo, Gerard Medioni, Takeo Kanade, and Giovanni M. Farinella. Computer vision for assistive technologies. *Computer Vision and Image Understanding*, Vol. 154, pp. 1–15, 2017.

[123] VizWiz: Algorithms to assist people who are blind. https://vizwiz.org/.

[124] Seita Kayukawa, Keita Higuchi, João Guerreiro, Shigeo Morishima, Yoichi Sato, Kris Kitani, and Chieko Asakawa. BBeep: A sonic collision avoidance system for blind travellers and nearby pedestrians. In *Proceedings of the 2019 CHI Conference on Human Factors in Computing Systems*, pp. 1–12, 2019.

[125] Jirapat Likitlersuang, Elizabeth R. Sumitro, Tianshi Cao, Ryan J. Visée, Sukhvinder Kalsi-Ryan, and José Zariffa. Egocentric video: A new tool for capturing hand use of individuals with spinal cord injury at home. *Journal of neuroengineering and rehabilitation*, Vol. 16, No. 1, pp. 1–11, 2019.

[126] Be My Eyes: See the world together. https://www.bemyeyes.com/.

[127] Dima Damen, Teesid Leelasawassuk, and Walterio Mayol-Cuevas. You-do, I-learn: Egocentric unsupervised discovery of objects and their modes of interaction towards

video-based guidance. *Computer Vision and Image Understanding*, Vol. 149, pp. 98–112, 2016.

[128] Gabriel Evans, Jack Miller, Mariangely I. Pena, Anastacia MacAllister, and Eliot Winer. Evaluating the Microsoft HoloLens through an augmented reality assembly application. In *Degraded Environments: Sensing, Processing, and Display 2017*, Vol. 10197, pp. 282–297. SPIE, 2017.

[129] LINKLET. https://linklet.ai/.

[130] 現場向けウェアラブルクラウドカメラ Safie Pocket シリーズ｜クラウド録画サービス Safie（セーフィー）. https://safie.jp/pocket2/.

[131] 遠隔支援ソリューション｜手振れ補正のウェアラブルカメラで遠隔支援｜株式会社ザクティ. https://xacti-co.com/solution/remote_support/.

[132] Hazel Doughty, Dima Damen, and Walterio Mayol-Cuevas. Who's better? Who's best? Pairwise deep ranking for skill determination. In *Proceedings of the IEEE/CVF Computer Vision and Pattern Recognition*, pp. 6057–6066, 2018.

[133] Zhenqiang Li, Yifei Huang, Minjie Cai, and Yoichi Sato. Manipulation-skill assessment from videos with spatial attention network. In *Proceedings of the IEEE/CVF International Conference on Computer Vision Workshops*, pp. 4385–4395, 2019.

[134] Gedas Bertasius, Hyun S. Park, Stella X. Yu, and Jianbo Shi. Am I a baller? Basketball performance assessment from first-person videos. In *Proceedings of the IEEE International Conference on Computer Vision*, pp. 2177–2185, 2017.

[135] Tomohiro Shimizu, Ryo Hachiuma, Hiroki Kajita, Yoshifumi Takatsume, and Hideo Saito. Hand motion-aware surgical tool localization and classification from an egocentric camera. *Journal of Imaging*, Vol. 7, No. 2, p. 15, 2021.

[136] Daochang Liu, Qiyue Li, Tingting Jiang, Yizhou Wang, Rulin Miao, Fei Shan, and Ziyu Li. Towards unified surgical skill assessment. In *Proceedings of the IEEE/CVF Computer Vision and Pattern Recognition*, pp. 9522–9531, 2021.

[137] Ashish Kumar, Saurabh Gupta, and Jitendra Malik. Learning navigation subroutines from egocentric videos. In *Proceedings of the Conference on Robot Learning*, pp. 617–626. PMLR, 2020.

[138] Changan Chen, Unnat Jain, Carl Schissler, Sebastia V. A. Gari, Ziad Al-Halah, Vamsi K. Ithapu, Philip Robinson, and Kristen Grauman. SoundSpaces: Audio-visual navigation in 3D environments. In *Proceedings of the European Conference on Computer Vision*, pp. 17–36. Springer, 2020.

[139] Suraj Nair, Aravind Rajeswaran, Vikash Kumar, Chelsea Finn, and Abhinav Gupta. R3M: A universal visual representation for robot manipulation. In *Proceedings of the Conference on Robot Learning*, pp. 892–909. PMLR, 2023.

[140] Ilija Radosavovic, Tete Xiao, Stephen James, Pieter Abbeel, Jitendra Malik, and Trevor Darrell. Real-world robot learning with masked visual pre-training. In *Proceedings of the Conference on Robot Learning*, pp. 416–426. PMLR, 2023.

[141] Shikhar Bahl, Russell Mendonca, Lili Chen, Unnat Jain, and Deepak Pathak. Affordances from human videos as a versatile representation for robotics. In *Proceedings of the IEEE/CVF Computer Vision and Pattern Recognition*, pp. 13778–13790, 2023.

[142] Yeping Wang, Gopika Ajaykumar, and Chien-Ming Huang. See what I see: Enabling user-centric robotic assistance using first-person demonstrations. In *Proceedings of the 2020 ACM/IEEE International Conference on Human-Robot Interaction*, pp. 639–648, 2020.

[143] Tz-Ying Wu, Ting-An Chien, Cheng-Sheng Chan, Chan-Wei Hu, and Min Sun. Anticipating daily intention using on-wrist motion triggered sensing. In *Proceedings of the IEEE International Conference on Computer Vision*, pp. 48–56, 2017.

[144] Yue Zhao, Ishan Misra, Philipp Krähenbühl, and Rohit Girdhar. Learning video representations from large language models. In *Proceedings of the IEEE/CVF Computer Vision and Pattern Recognition*, pp. 6586–6597, 2023.

[145] Chiara Plizzari, Mirco Planamente, Gabriele Goletto, Marco Cannici, Emanuele Gusso, Matteo Matteucci, and Barbara Caputo. E2 (GO) MOTION: Motion augmented event stream for egocentric action recognition. In *Proceedings of the IEEE/CVF Computer Vision and Pattern Recognition*, pp. 19935–19947, 2022.

[146] Andy Zeng, Maria Attarian, Krzysztof M. Choromanski, Adrian Wong, Stefan Welker, Federico Tombari, Aveek Purohit, Michael S. Ryoo, Vikas Sindhwani, Johnny Lee, et al. Socratic models: Composing zero-shot multimodal reasoning with language. In *The Eleventh International Conference on Learning Representations*, 2022.

[147] Tomáš Souček, Jean-Baptiste Alayrac, Antoine Miech, Ivan Laptev, and Josef Sivic. Look for the change: Learning object states and state-modifying actions from untrimmed web videos. In *Proceedings of the IEEE/CVF Computer Vision and Pattern Recognition*, pp. 13956–13966, 2022.

[148] Alejandro Betancourt, Pietro Morerio, Carlo S. Regazzoni, and Matthias Rauterberg. The evolution of first person vision methods: A survey. *IEEE Transactions on Circuits and Systems for Video Technology*, Vol. 25, No. 5, pp. 744–760, 2015.

[149] Chiara Plizzari, Gabriele Goletto, Antonino Furnari, Siddhant Bansal, Francesco Ragusa, Giovanni M. Farinella, Dima Damen, and Tatiana Tommasi. An outlook into the future of egocentric vision. *Computing Research Repository*, 2023.

[150] Joint International 3rd Ego4D and 11th EPIC Workshop at CVPR2023. https://sites.google.com/view/ego4d-epic-cvpr2023-workshop/.

やぎ たくま（産業技術総合研究所）

フカヨミ Stable Diffusion と脳活動
ヒトの脳活動を用いた画像生成モデルの理解と活用

■高木優　■西本伸志

コンピュータビジョン研究の基本的な目標の１つは，人間の視覚システムと同じように世界を視覚的に理解する能力をもった人工システムを創出することです。近年，脳活動の測定技術の向上や深層学習モデルの開発・設計の進歩により，生物の脳における表現と深層学習モデルの潜在表現を直接比較することが可能になり，各システムについて深く理解できるようになりました。これには，脳活動から視覚体験（知覚やイメージ）を再構成する研究 [1, 2] や，生物の脳ネットワークと深層学習モデルの内部ネットワークの計算過程の相互関係を解明する研究が含まれます [3, 4]。

機械学習モデルを生物学的に理解するために，神経科学ではエンコーディングモデルという技術を利用します[1)]。エンコーディングモデルでは，深層学習モデルなどの視覚モデルの潜在表現から特徴を抽出し，それをもとに機能的磁気共鳴画像法（fMRI）などで計測された脳活動の予測モデルを作成します。脳と深層学習モデルは，同じような目的をもっています[2)]。そのため，両者は同じような機能を実現する可能性があり，両者の構造間の関連性を明らかにすることは，深層学習モデルを生物学的に解釈するための手がかりとなります。たとえば，畳み込みニューラルネットワーク（CNN）の初期層と後期層で見られる活性化パターンは，脳の視覚野の初期層と後期層で測定される神経活動パターンと類似しており，これは CNN の潜在表現と脳内表現の間に階層的な対応関係が存在することを示唆しています [3]。このアプローチは主に視覚科学で用いられてきましたが，最近では，他の感覚領域や高次機能にも適用されています。

1) 「エンコーディングモデル」や，このあとに出てくる「デコーディングモデル」は，システム神経科学の用語です。いわゆる機械学習分野でのエンコーダ・デコーダとは異なる概念です。

2) たとえば，世界を認識するという目的。

エンコーディングモデルとは逆に，fMRI 信号から人の体験や意図を解読する研究をデコーディングと呼びます。デコーディングはこれまで運動や視覚，聴覚など，さまざまな領域を対象に行われてきました。しかしながら，fMRI データはノイズが多く，またデータのサンプル数も一般的に十分でないため，デコーディングは難しい問題として知られています。そこで近年，特に fMRI から視覚内容を再構成する際に，大量の自然画像を用いて訓練した深層生成モデルが使用されるようになってきています。それらのデコーディング研究では，脳活動から深層学習モデルの潜在表現を予測することで，モデルと脳活動との対応をとります。さらに，再構成画像の意味的な一致度を高めるために，画像に関連する意味情報，たとえばカテゴリー情報やテキスト情報を利用する研究も出てきています。しかしながら，従来研究では，fMRI データを用いて新たな生成モデルを訓練する必要があることや，生成モデルを fMRI 実験で使用された特定の刺激セットに対して最適化する必要があることなど，さまざまな限界がありました。

そこで，筆者らは「拡散モデル」に注目しました。拡散モデルは近年注目を集めている深層生成モデルの 1 つで，条件付き画像生成や画像超解像，画像色付けなどのタスクにおいて，最高レベルのパフォーマンスを発揮しています。また，最近開発された潜在拡散モデル [5] は，計算負荷を大幅に削減し，モデルの学習や生成をより効率的に行うことが可能です。さらに，潜在拡散モデルは，任意の意味を表現する高解像画像を高精度に生成する能力も有しています。このように高い能力をもつ潜在拡散モデルですが，その内部メカニズムはまだ完全には理解されていません。加えて，CNN のような生物学からインスピレーションを得た深層学習モデルと比べると，潜在拡散モデルと脳の間の対応関係はあまり明確ではありません。

筆者らの研究では，“Stable Diffusion” と名づけられた潜在拡散モデル [5] の個々の要素やプロセスが，脳内の活動とどのように対応しているかを探ることで，潜在拡散モデルを生物学的に解釈することを試みました（図 1）[3]。Stable

[3] Stable Diffusion は，ミュンヘン大学のグループが Stability AI 社や Runway 社の支援を受けて開発し，オープンソースで公開したモデルの名称です。2022 年に公開された直後から，世界中で爆発的に普及しました。

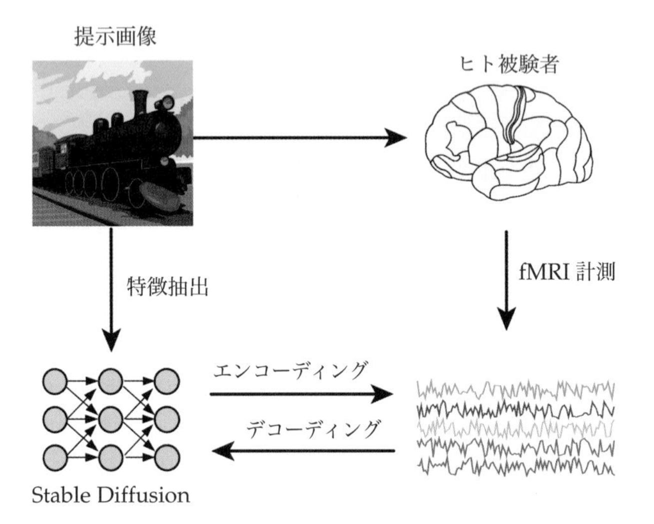

図 1　筆者らが行った解析の概要。エンコーディング解析では，AI の潜在表現から脳活動（fMRI 計測）を予測し，デコーディング解析では，エンコーディング解析とは逆に，脳活動から AI の潜在表現を予測します。著作権の関係上，本稿では提示画像をイラスト化していますが，実際の提示画像はすべて現実の写真となります。

Diffusion は大規模なデータセットを学習しており，テキストと画像を組み合わせることで高解像度な画像を生成する能力をもっています。私たちは，脳活動との対応をとることで，潜在拡散モデルの各要素に生物学的な解釈を与えることを試みました [6]。加えて，新たな深層学習モデルの訓練を必要としないシンプルなデコーディングの枠組みも提案しました。

1 脳活動解析の手法

1.1 研究に用いたヒトの脳活動データセット

私たちの研究では，米国ミネソタ大学のグループから公開されている Natural Scenes Dataset（NSD）を活用しました [7] [4)]。NSD は，ヒト被験者が 10,000 枚の画像を 3 回ずつ閲覧した際の脳活動を，7 テスラの fMRI スキャナーで記録したオープンデータセットです。各被験者は最大 40 回の fMRI セッションに参加しており，筆者らの研究では全セッションを終えた 4 人のデータを解析に利用しました。構築したモデルに対し，4 人の被験者全員が閲覧した約 1,000 枚の画像をテストデータセットとし，残りの約 9,000 枚をトレーニングデータセットとして利用しました。NSD の実験に使われた画像は MS COCO から取られたもので，各画像には 5 人のアノテーターによる自然言語でのキャプションが付与されています。

4) NSD は現状公開されている fMRI データセットの中では最大規模かつ最高レベルの品質をもつデータセットです。私たちの研究以外も，多くの研究が NSD を利用しています。

具体的に解析に用いる fMRI データには，NSD から提供されている前処理済みのデータを用いました。なお，計測された脳活動データをそのまま用いるのではなく，一般化線形モデルから推定された単一試行レベルでの推定脳活動を用いています。また，脳全体ではなく，視覚体験が強く表現されていると考えられる初期および高次（側頭腹側）視覚領域を関心領域として用いました。テストデータには，各画像に関連する 3 回の試行の平均値を使いました。トレーニングデータには，3 回の試行をそれぞれ独立に使いました。すべてのモデルは個人内で訓練しています。

1.2 潜在拡散モデル（Stable Diffusion）

拡散モデルは，ガウスノイズから抽出された変数からノイズを繰り返し除去することで，学習済みのデータ分布のサンプルを生成する確率的生成モデルです。拡散過程では，与えられたデータにガウスノイズを徐々に加えることでデータの構造を破壊します。各時点でのサンプルは，$\mathbf{x}_t = \sqrt{\alpha_t}\mathbf{x}_0 + \sqrt{1-\alpha_t}\epsilon_t$ と定義されます。ここで，$\mathbf{x}_t$ は入力 $\mathbf{x}_0$ にノイズを付与したもので，$t \in \{1, \ldots, T\}$ であり，α はハイパーパラメータ，ϵ はガウスノイズです。逆拡散過程は，各ステップでサンプルにニューラルネットワーク $f_\theta(\mathbf{x}_t, t)$ を適用して元の入力を復元することでモデル化されます。学習目標は $f_\theta(\mathbf{x}_t) \approx \epsilon_t$ です。ニューラルネットワーク f_θ には，U-Net が一般的に用いられます。

拡散モデルは，補助入力 $\mathbf{c}$ を用いることで，条件付き分布の学習に一般化できます。たとえばテキストの潜在表現を $\mathbf{c}$ と設定すれば，テキストから画像への変換が可能です。最近の研究で，大規模な画像・言語モデルを用いることで，拡散モデルによりテキスト入力からリアルで高解像度な画像を生成できることが示されました。さらに，画像とテキスト入力を用いて画像を編集することで，新たなテキスト条件付き画像を生成することもできます。この画像から画像への変換では，元の画像からの変化の度合いを制御するパラメータがあり，テキストによる意味と元画像の外観の保持度合いのバランスを調整できます。

従来型の拡散モデルは上記の計算をピクセル空間で行いますが，これには計算コストが高いという問題がありました[5]。この限界を克服するため，潜在拡散モデルはオートエンコーダの画像エンコーダを用いて入力を圧縮し，圧縮後の空間で計算を行います（図 2 (a)）。具体的には，まず，オートエンコーダを大規模画像データで訓練します。次に，逆拡散過程で用いる U-Net モデルを，オートエンコーダで圧縮した潜在空間上で訓練します。最後に，オートエンコーダの画像デコーダを用いて潜在空間から画像を復元します（図 2 (b)）。これによって，ピクセル空間で動作する拡散モデルに比べて軽量な推論が可能になります。補助入力はクロスアテンションを通じて参照され，最終的に非常に高品質なテキストを画像，画像を画像へと変換する生成モデルを構築できます。

[5] Google の Imagen や OpenAI の DALL-E などがこの手法を用いていました。なお，これらのモデルには，計算コストの問題に加えて，モデルやソースコードが公開されていないという研究利用上の問題もありました。

この研究では，大規模データセットで訓練された潜在拡散モデルをベースに

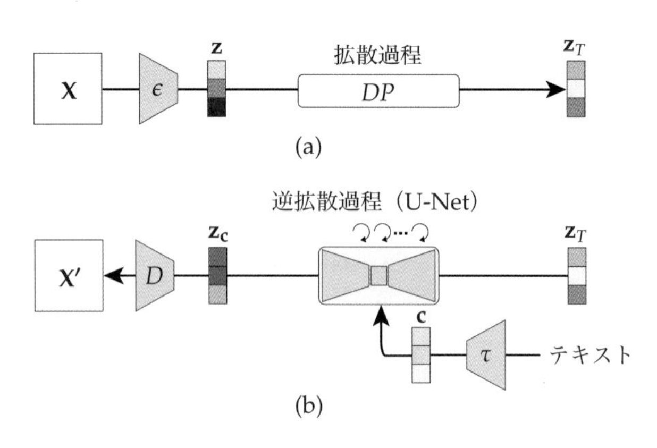

図 2　筆者らが使用した潜在拡散モデルの概要図。ϵ はオートエンコーダの画像エンコーダ，D はオートエンコーダの画像デコーダ，τ はテキストエンコーダ（CLIP）を示します。

した Stable Diffusion と呼ばれるモデルを使用しました。Stable Diffusion は，テキスト入力に基づいて画像を生成・修正することができます。テキスト入力は，事前訓練されたテキストエンコーダ（CLIP [8]）により潜在表現へと変換されます。

本稿では，オートエンコーダによって圧縮された元の画像の潜在表現を **z**，テキストの潜在表現（各 MS COCO 画像に関連付けられた 5 つのテキスト注釈の平均）を **c**，逆拡散過程によって **c** を補助入力に用いながら生成された潜在表現を $\mathbf{z}_c$ と定義し，以下で述べるエンコーディングおよびデコーディングモデルで，これらを使用します。

1.3　脳活動エンコーディング

私たちはまず，Stable Diffusion の潜在表現を脳活動にマッピングすることによって，Stable Diffusion の各要素を生物学的に解釈しました。本稿では，次の 3 つの設定でエンコーディングモデルを構築した結果を紹介します（図 3）。

(i) まず，Stable Diffusion の主要な 2 つのコンポーネントである **z**, **c**，および $\mathbf{z}_c$ から脳活動を予測する線形モデルを構築しました。

(ii) **c** による条件付け後の $\mathbf{z}_c$ と条件付け前の **z** が生成する画像は異なりますが，大脳皮質上の予測マップは類似していました。そこで，次にそれらを 1 つのモデルに組み込み，各特徴によって説明される独自の分散を大脳皮質にマッピングすることで，各潜在変数の違いをさらに調査しました。この際，元画像の見た目を変化させる度合いを制御するパラメータ（**z** に加えるノイズのレベル）を変化させました。この分析により，画像

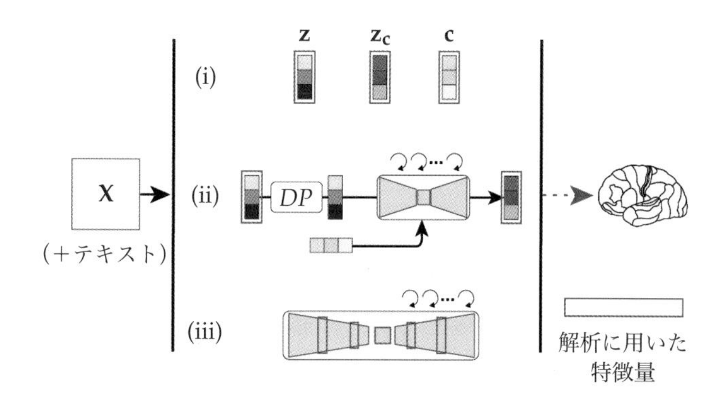

図 3　エンコーディング解析の概要図。潜在拡散モデルの異なるコンポーネント（**z**, $\mathbf{z}_c$, **c**）から，fMRI 信号を予測するためのエンコーディングモデルを構築します。

から画像へ変換する過程を定量的に解釈することが可能になります。

(iii) 最後に，Stable Diffusion が逆拡散過程で用いている U-Net の異なる層から特徴量を抽出し，それらと脳活動との関係性を調べました。そのために，逆拡散過程内の異なる時点の異なる U-Net の層から特徴量を抽出し，それぞれでエンコーディングモデルを構築しました。

モデルの重みは，L2 正則化線形回帰を使用してトレーニングデータから推定し，その後テストデータに適用しました[6]。評価には，予測された fMRI 信号と測定された fMRI 信号との間のピアソン相関係数を使用しました。統計的有意性は，推定された相関を，同じ長さ（$N = 982$）の 2 つの独立した乱数で作られた分布と比較することで計算しました。統計的閾値は $P < 0.05$ とし，FDR 法によって多重比較補正を行いました。

[6] 脳活動エンコーディングでは，刺激から抽出した特徴量と脳活動との間の関係をモデリングする際，線形モデルがよく利用されます。特徴量の抽出には，非線形手法も含めたさまざまな手法が用いられます。

1.4 脳活動デコーディング

fMRI 信号からの視覚再構成は，潜在拡散モデルを使用したシンプルな方法で行いました（図 4）。この手法に必要な学習は，fMRI 信号から潜在拡散モデルの潜在表現にマッピングする線形モデルの構築のみです。

- まず，初期視覚野内の fMRI 信号から，提示画像 $\mathbf{X}$ の潜在表現 $\mathbf{z}$ を予測しました。その後，$\mathbf{z}$ はオートエンコーダによって粗い画像 $\mathbf{X}_\mathbf{z}$ へと変換されます。
- 次に，$\mathbf{X}_\mathbf{z}$ を拡散過程に通すことによりノイズを付与した潜在表現 $\mathbf{z}_T$ を作りました。
- 高次視覚野内の fMRI 信号からテキスト潜在表現 $\mathbf{c}$ をデコードしました。$\mathbf{z}_T$ とデコードされた $\mathbf{c}$ を，逆拡散過程を担う U-Net の入力に用い，$\mathbf{z}_\mathbf{c}$ を生成しました。最後に，$\mathbf{z}_\mathbf{c}$ から最終的な再構成画像 $\mathbf{X}_{\mathbf{z}_\mathbf{c}}$ を生成しました。

fMRI 信号から潜在拡散モデルの各潜在表現へのモデルを構築するため，L2 正則化線形回帰を使用し，すべてのモデルを，個々の被験者についてトレーニングデータを用いて個別に構築しました[7]。画像再構成の精度は，あるテスト画像を視聴している際の fMRI 信号から生成された画像が，他のテスト画像を視聴している際の fMRI 信号から生成された画像に比べてどれぐらい元のテスト画像と潜在表現レベルで類似しているかによって評価しました。

[7] 脳活動エンコーディングと同様に，脳活動デコーディングでも線形モデルがよく利用されます。

1.5 脳活動デコーディングの応用

上記の手法を CVPR で発表 [6] して以降，デコーディング構成の性能向上のためのさまざまな手法が提案されました。具体的には，脳活動から予測したテ

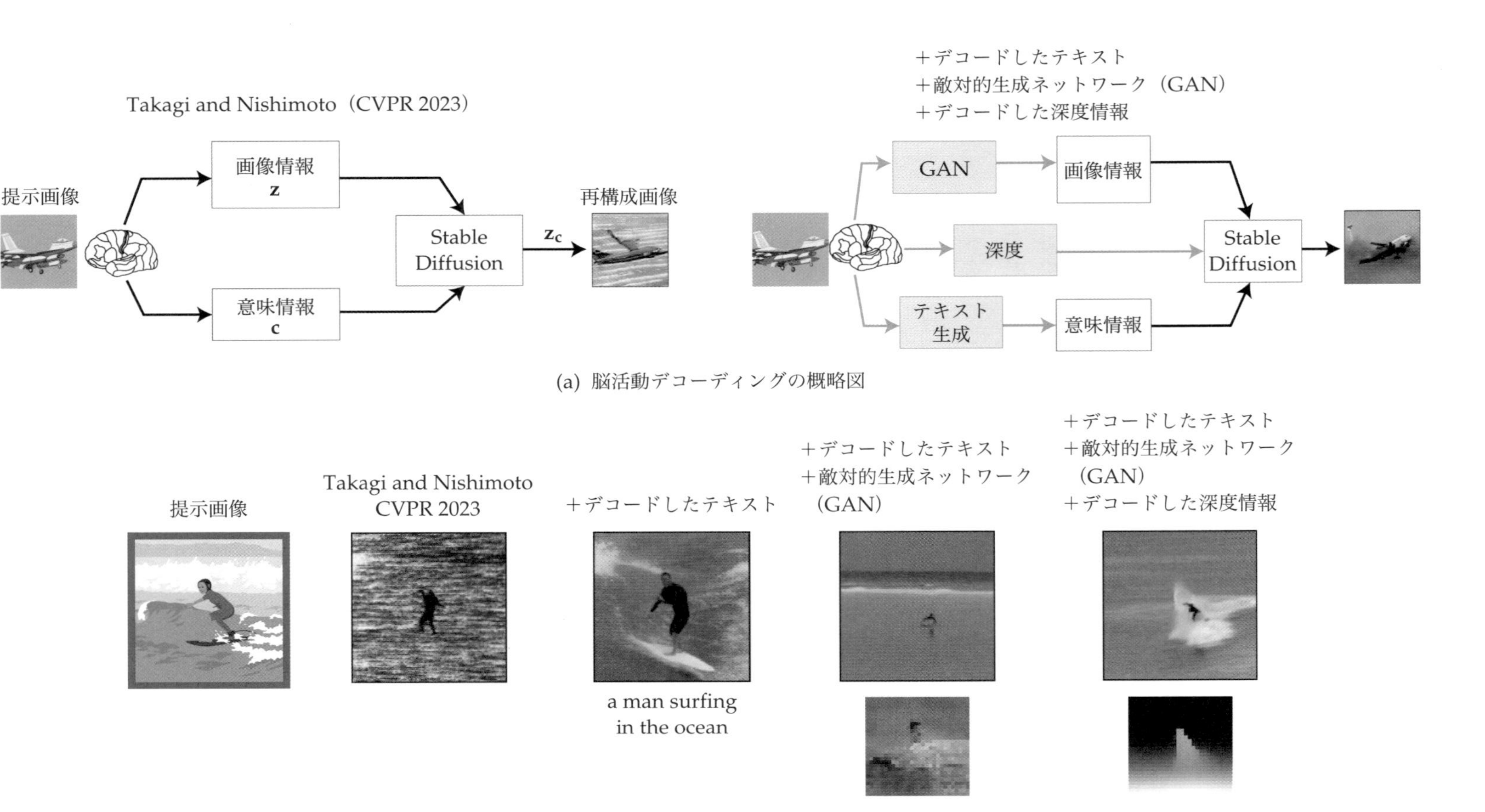

図4　脳活動デコーディングの概要。(a) 左図は私たちがCVPRで提案した手法，右図は3つの追加技術を含んだもの。(b) 再構成された画像の下には，脳活動からデコードされたテキスト，GANを用いて生成された画像，およびデコードされた深度を示しています。

キスト情報を利用する手法や，非線形な最適化手法（敵対的生成ネットワーク（GAN）など）を用いた手法，脳活動から予測された視覚的深度情報を利用する方法などです。各手法がデコーディング精度向上にどの程度寄与するかは，それ自体が興味深い問題です。私たちがCVPRで提案したフレームワークは，シンプルさや柔軟さを特徴とし，上記のさまざまな発展的手法を自然に組み込むことが可能です。筆者らのフレームワーク上でデコーディング精度向上への各発展的手法の寄与度を評価できることから，次に出した技術論文では，CVPRの手法に3つの発展的手法を組み合わせた際の定量的な精度評価を行いました[9]。本稿では，そちらの追加結果もあわせて紹介します。

1つ目は，脳から画像キャプションを推定する手法です。この方法では，脳活動からキャプションを生成するために，BLIPと呼ばれる画像キャプション作成モデル（[10]）を利用しました。BLIPは，入力画像からVision Transformer（ViT）の特徴量を抽出し，そのViT特徴量に対するクロスアテンションを通じて言語モデルが文章を生成します。私たちは，ViT特徴量を脳活動から予測することによって脳活動から画像キャプションを推定しました[8)]。

[8)] 私たちがCVPRで提案した手法では，テキストキャプションをデータとして利用していましたが，この手法ではもはやテキストキャプションを情報として利用せず，脳活動から直接テキストキャプションを推定します。このことは，テキストキャプションの利用は私たちが提案した手法の本質的要素ではなく，むしろ意味と画像など異なるモダリティの情報を柔軟に組み合わせられる点が本質的であることを強調しています。

2つ目は，GANを利用した手法です。私たちがCVPRで提案した手法では，低次視覚野から視覚情報を推定する際にオートエンコーダのボトルネック層の特徴量のみを用いましたが，より複雑な手法も柔軟に取り入れることができます。そこで，他の研究で提案されたGANを用いた視覚情報のデコーディング（[11]）を視覚情報の推定に用いる有効性を検証しました。

3つ目は，脳から視覚的深度情報を推定する手法です。私たちがCVPRで提案した手法は，脳活動から予測された視覚情報と意味情報を統合しましたが，人間の視覚体験にはさらに多様な情報が含まれています。その1つが深度情報で，これは人間の視覚皮質で処理されています[12]。そこで，私たちのフレームワークの柔軟性をさらに活用して，深度情報を別途推定し，視覚再構成に取り入れました。具体的には，Stable Diffusion 2.0を使用して，意味情報と深度情報の両方に基づく視覚体験の再構成を行いました。深度情報の推定は，Huggingfaceが実装したDPTモデル（[13]）の潜在表現を脳活動から推定することにより実現しました。

2　脳活動解析の結果

2.1　脳活動エンコーディング

図5に，潜在拡散モデル内の2種類の潜在表現を用いたエンコーディングモデルの予測精度を示します。これら2つの成分は，どちらも脳の後ろ側に位置する視覚野で高い予測能力を示しました。視覚情報に関する潜在表現 $\mathbf{z}$ は初期

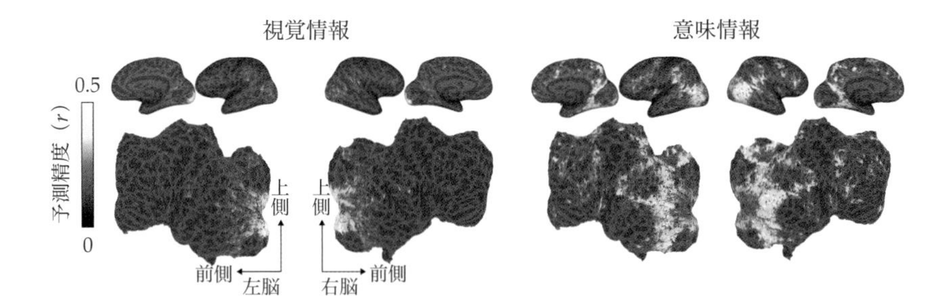

図 5　単一被験者に対しテスト画像を用いて評価したエンコーディングモデルの予測精度（ピアソン相関係数）。脳溝（しわ）を膨らませた脳（上部，側面および中心部の視点）と平坦化した大脳皮質表面（下部，後頭部が中央に位置）を，左右両半球について表示し，有意な脳部位を色付けしています（$P < 0.05$, FDR 補正）。

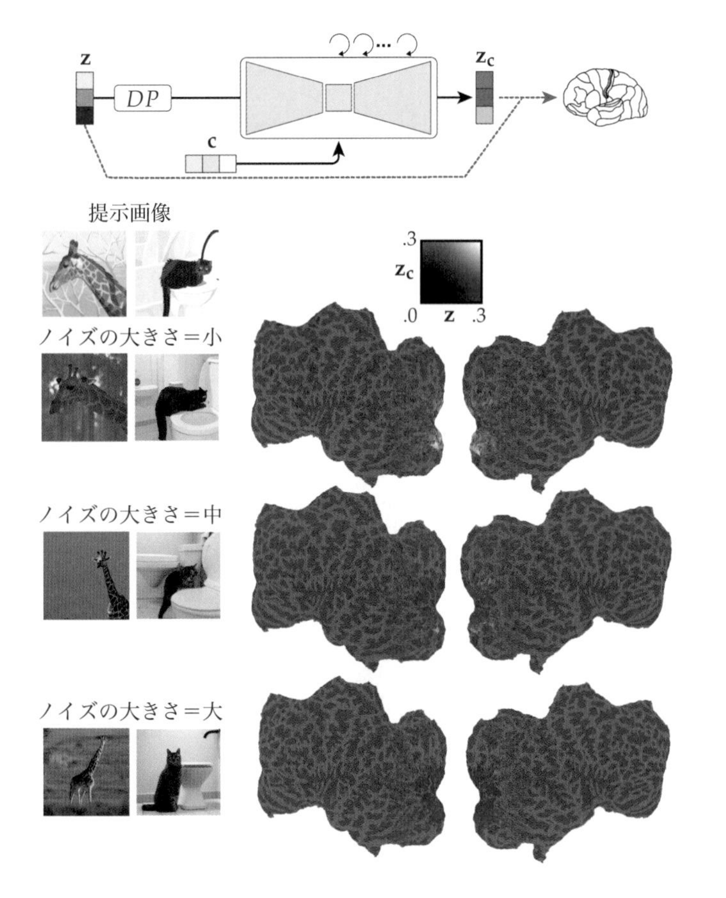

図 6　単一被験者で，$\mathbf{z}$ と $\mathbf{z}_c$ とがそれぞれ脳活動をどう予測するかを示したもの。$\mathbf{z}$ は固定し，刺激の潜在表現にノイズレベルを低レベル（上）から高レベル（下）まで変化させた際の $\mathbf{z}_c$ を用いています。

視覚野，つまり視覚野の後部で高い予測能力を示し，高次視覚野（視覚野の前部）でも一定の予測力を発揮しましたが，他の領域では予測力が下がりました。意味表現に関する潜在表現 **c** は，高次視覚野で最も高い予測能力を示し，さらに大脳皮質全体でも一定の予測力をもつことが確認されました[9)]。

[9)] 視覚情報が初期視覚野，意味情報が高次視覚野に対応していること自体は，神経科学でよく知られている事実です。しかし，このあとに続く解析で得られる，ノイズの大きさを変化させた際のニューラルネットと脳との対応の変化などは，これまで知られていませんでした。

視覚表現と意味表現の予測精度が類似していることを確認したので，次に，拡散モデルの大きな特徴である，画像に対してノイズを加える操作が，潜在表現をどのように変化させるのかを定量的に検証しました（図 6）。その結果，ノイズの量を増やすにつれ，拡散モデルの潜在表現は高次視覚野の活動をより正確に予測することがわかりました。このように画像の意味内容が徐々に強調されていく過程を定量化する分析を行うことで，テキストで条件付けた画像生成が意味内容と視覚的な外観のバランスをどのようにとっているかを，脳活動との対比という手法を用いて生物学的に探ることができました。

最後に，逆拡散過程において U-Net の各層でどのような情報が処理されているかを検証しました。図 7 は，逆拡散過程の異なるノイズ除去段階（初期，中

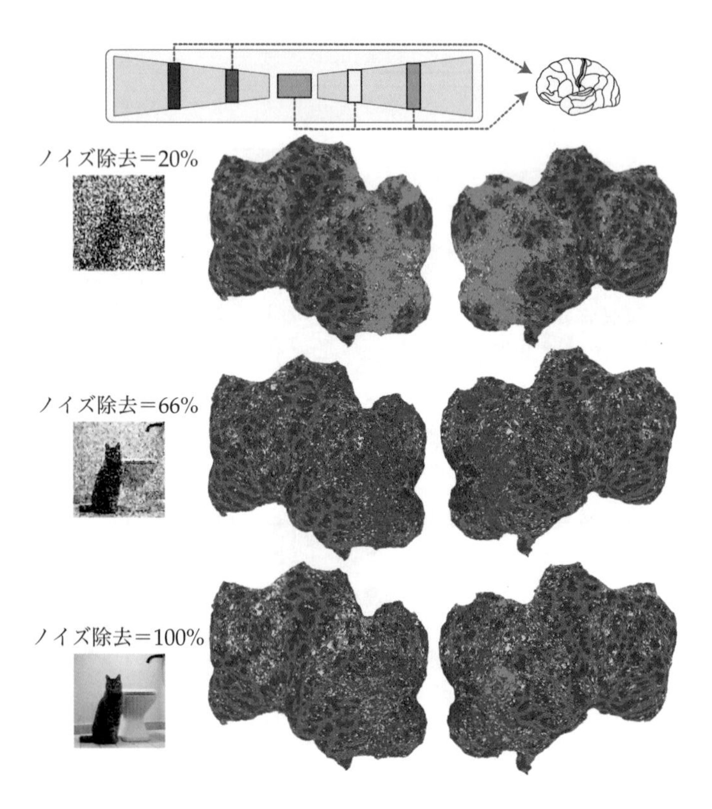

図 7　単一被験者で，脳部位ごとにノイズ除去ステップの初期（上）から後期（下）で最も予測力が高い U-Net の層を色付けしたもの。

期，後期）における，U-Net の各層の特徴量を用いたエンコーディングモデルの結果を示しています。逆拡散過程の初期では，U-Net のボトルネック層（オレンジ色）[10] が全脳にわたって最高の予測性能を示しました。しかし，ノイズ除去が進行するにつれて，U-Net の初期層（青色）は初期視覚野の活動を予測し，ボトルネック層は上位視覚野を予測するようになりました。これらの結果から，逆拡散過程の初期には，画像情報がボトルネック層内に圧縮されていることが示唆されます。そこからノイズ除去が進行するにつれて，U-Net の各層間の機能的な分離が始まります。すなわち，最初の層が初期視覚野で表現されるような画像の細かな情報を表現する傾向がある一方，ボトルネック層はより高次の意味的な情報を表現するようになることが示唆されます。

[10] オートエンコーダなどの情報を圧縮した後に復元するニューラルネットワークでは，中段の層をボトルネック層と呼びます。

2.2　脳活動デコーディング

図 8 は，単一被験者での視覚再構成結果を示しています。各提示画像と各方法について，異なるノイズを用いて生成された画像をランダムに 3 つ選んだ結果を示しています。まず，私たちが CVPR で提案した手法 [6]（図中，提示画像の次列）は，意味的にも視覚的にも提示画像の特徴を保持する画像を再構成することができました。定量評価の結果，意味情報と視覚情報を組み合わせた再構成画像は，どちらか一方の情報だけを用いた再構成画像よりも全体的に高い精度を示すこともわかりました。次に，私たちが CVPR で提案した手法をベースラインとして，それにさまざまな発展的手法を付与することで，視覚再構成の精度を改善できることがわかりました。ここで，ベースラインからの改善度は必ずしも手法間あるいは被験者間で一致しておらず，また指標によっても異なりました[11]。

[11] スペースの関係上，本稿では被験者間の比較画像を掲載していませんが，こうした被験者間の違いが主観的体験の違いとどのように対応しているのかは，興味深い疑問です。

3　まとめと今後の展望

私たちは，エンコーディングモデルを構築することで，ヒトの脳活動とモデルの対比という観点から，潜在拡散モデルの内部構造を定量的に理解する枠組みを提案しました。また，脳活動を潜在拡散モデル内の潜在表現にシンプルにマッピングするモデルを構築することで，視覚的にも意味的にも提示画像の特徴を捉えた視覚再構成ができることを確認しました。

さらなる発展として，この手法をさらに発展させた視覚再構成手法の提案や，より簡易な機器で計測された脳活動への適用，ある個人の脳活動を用いて構築したモデルの別人の脳活動への適用，また，想起や夢など別の視覚体験への適用などが考えられます。

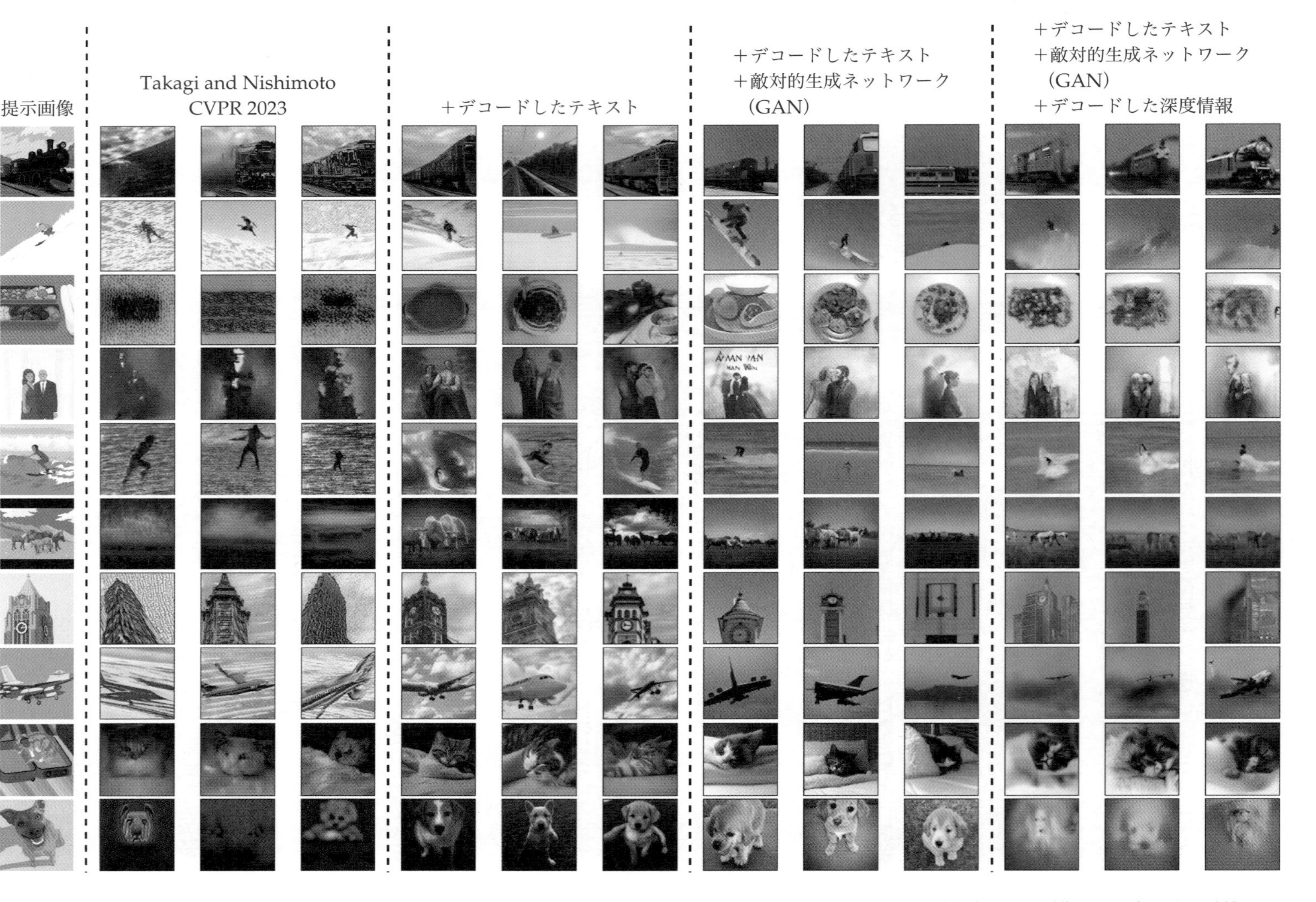

図８　被験者に提示した画像（左端）と，さまざまなデコーディング手法を用いて単一の被験者の脳活動から再構成された画像の例。各手法は破線により区切られています。各手法の３つの画像は，異なるノイズにより生成された画像からランダムに選択したものです。

参考文献

[1] Kendrick N. Kay, Thomas Naselaris, Ryan J. Prenger, and Jack L. Gallant. Identifying natural images from human brain activity. *Nature*, Vol. 452, No. 7185, pp. 352–355, 2008.

[2] Yoichi Miyawaki, Hajime Uchida, Okito Yamashita, Masaaki Sato, Yusuke Morito, Hiroki C. Tanabe, Norihiro Sadato, and Yukiyasu Kamitani. Visual image reconstruction from human brain activity using a combination of multiscale local image decoders. *Neuron*, Vol. 60, pp. 915–929, 2008.

[3] Daniel LK Yamins, Ha Hong, Charles F. Cadieu, Ethan A. Solomon, Darren Seibert, and James J. DiCarlo. Performance-optimized hierarchical models predict neural responses in higher visual cortex. *Proceedings of the national academy of sciences*, Vol. 111, No. 23, pp. 8619–8624, 2014.

[4] Shinji Nishimoto, An T. Vu, Thomas Naselaris, Yuval Benjamini, Bin Yu, and Jack L. Gallant. Reconstructing visual experiences from brain activity evoked by natural movies. *Current Biology*, Vol. 21, pp. 1641–1646, 2011.

[5] Robin Rombach, Andreas Blattmann, Dominik Lorenz, Patrick Esser, and Björn Ommer. High-resolution image synthesis with latent diffusion models. In *Proceedings of the IEEE/CVF Conference on Computer Vision and Pattern Recognition*, pp. 10684–10695, 2022.

[6] Yu Takagi and Shinji Nishimoto. High-resolution image reconstruction with latent diffusion models from human brain activity. In *Proceedings of the IEEE/CVF Conference on Computer Vision and Pattern Recognition*, pp. 14453–14463, 2023.

[7] Emily J. Allen, Ghislain St-Yves, Yihan Wu, Jesse L. Breedlove, Jacob S. Prince, Logan T. Dowdle, Matthias Nau, Brad Caron, Franco Pestilli, Ian Charest, J. Benjamin Hutchinson, Thomas Naselaris, and Kendrick Kay. A massive 7T fMRI dataset to bridge cognitive neuroscience and artificial intelligence. *Nature Neuroscience*, Vol. 25, pp. 116–126, 2022.

[8] Alec Radford, Jong Wook Kim, Chris Hallacy, Aditya Ramesh, Gabriel Goh, Sandhini Agarwal, Girish Sastry, Amanda Askell, Pamela Mishkin, Jack Clark, et al. Learning transferable visual models from natural language supervision. In *International Conference on Machine Learning*, pp. 8748–8763. PMLR, 2021.

[9] Yu Takagi and Shinji Nishimoto. Improving visual image reconstruction from human brain activity using latent diffusion models via multiple decoded inputs. *arXiv preprint arXiv:2306.11536*, 2023.

[10] Junnan Li, Dongxu Li, Caiming Xiong, and Steven Hoi. BLIP: Bootstrapping language-image pre-training for unified vision-language understanding and generation. *arXiv preprint arXiv:2201.12086*, 2022.

[11] Guohua Shen, Tomoyasu Horikawa, Kei Majima, and Yukiyasu Kamitani. Deep image reconstruction from human brain activity. *PLoS Computational Biology*, Vol. 15, 2019.

[12] Mark D. Lescroart and Jack L. Gallant. Human scene-selective areas represent 3D configurations of surfaces. *Neuron*, Vol. 101, No. 1, pp. 178–192, 2019.

[13] René Ranftl, Alexey Bochkovskiy, and Vladlen Koltun. Vision Transformers for dense prediction. In *Proceedings of the IEEE/CVF International Conference on Computer Vision*, pp. 12179–12188, 2021.

たかぎ ゆう（大阪大学/NICT）
にしもと しんじ（大阪大学/NICT）

フカヨミ 音響情報のCV応用
画像と音を用いた最新AIの研究動向！

■柴田優斗

本稿では，これまであまり注目されてこなかった，音響情報を用いたコンピュータビジョン応用について，いくつかの先行研究を交えつつ説明します。現在，テキストと画像を同じ潜在空間に埋め込むCLIP [1] や，テキストをプロンプトとして多様な画像生成に成功したStable Diffusion [2] などに代表される，画像だけに留まらないマルチモーダルな研究に注目が集まっています。この流れの中で，音と画像という組み合わせを用いた研究も散見されるようになり，今年6月に開催されたCVPR2023では "Sight and Sound" というワークショップも開催され，終日多くの人が集まりました。

そこで，本稿では，まず音響情報のメリットとデメリットを示した後，音と画像を活用した研究を大まかに

- 意味情報をもつ音響信号を用いて人物姿勢や画像を生成するモデル
- 意味情報をもたない反響音から室内の3次元空間情報を推定するモデル

に大別して，代表的な研究を順に説明します。前者の，音の意味情報（セマンティクス）を用いるモデルに関しては，代表的な例として，与えられた音楽に適した演奏者の動きを生成する研究[1)] [3] や，スピーチの音を入力としてもっともらしい発話者の姿勢を生成する研究 [4]，与えられた音にマッチするシーン画像を生成する研究 [5] などを紹介します。後者の，意味情報をもたない反響音から室内のシーンを推定するモデルの例としては，コウモリの空間把握能力から着想を得た研究 "BatVision" [6] や，画像と組み合わせて人物の姿勢をメートル単位で推定する研究 "PoseKernelLifter" [7] などを紹介します。最後に，アクティブ音響センシングを用いて3次元人物姿勢の推定を行う，CVPR2023に採択された研究 [8] について，その著者の一人として簡単に説明します。

1) 間接点の座標を回帰しているので，いわゆる生成モデルではありません。

1　音響情報のメリット・デメリット

音響情報には，他のモダリティにはないいくつかの特徴があります。まず，コンピュータビジョン応用について考える上で外せないメリットとして，夜間でも精度を落とすことなく活用できる点や，3 次元空間を 2 次元に投影する RGB 画像と異なり奥行きに関する情報を維持できる点，オクルージョンの影響を受けにくい点などが挙げられます。後ほど詳しく説明する PoseLifterKernel [7] では，音の反響を利用して対象人物までの距離を推定することで，RGB 画像ベースのモデルでは達成できなかったメートル単位の姿勢推定を可能にしています。また，2 次元 3 チャンネル形式で扱われる画像と比較して，1 次元の音は軽量で扱いやすいという利点もあります[2)]。Gao らの研究 [9] では，計算負荷が高い動画の処理において，動画の音声を利用して重要なフレームを抽出することで動画の冗長性を減らし，処理を効率化することに成功しました。

[2)] 多くの場合，音は周波数と時間の 2 つの軸をもつスペクトログラムとして表されますが，その場合においても RGB 画像と比較して画像サイズが小さく，またチャンネル数も少数です。

一方で，音響情報を利用するデメリットとして，周囲の音などのノイズの影響を受けやすい点や，距離と時間に応じて減衰しやすい点などが挙げられます。また，室内環境で行う実験に関しては，反響特性の違いのために異なる部屋での汎化性能が乏しいという報告もあります [10]。

2 節以降では，これまで説明した音というモダリティがもつ特性を活用した研究をいくつか説明します。

2　意味情報を活用した姿勢・画像生成モデル

ジェスチャーやダンスなどの動きは，それぞれスピーチの内容や流れている音楽と相関があります。また，私たちは川のせせらぎを聞いて，水の勢いや周囲の光景を思い浮かべることができます。本節では，音の意味情報を用いて画像を生成する研究について見ていきましょう。

2.1　楽器の演奏音を利用した姿勢生成

Eli Shlizerman, et al.: “Audio to Body Dynamics” (2018) [3]

初めに楽器の演奏音から演奏者の姿勢を推定することに初めて成功した研究を紹介します。この研究では，会話の音声を入力として唇などの表情を推定する先行研究 [11] から着想を得て，ピアノとバイオリンの演奏音から，それらがもつリズムや音の強弱を表現可能なアバターを生成します（図 1）。

このモデルでは，演奏音を MFCC（メル周波数ケプストラム係数）に変換し，時系列情報を活用可能なアーキテクチャである LSTM に通して，指と上半身全

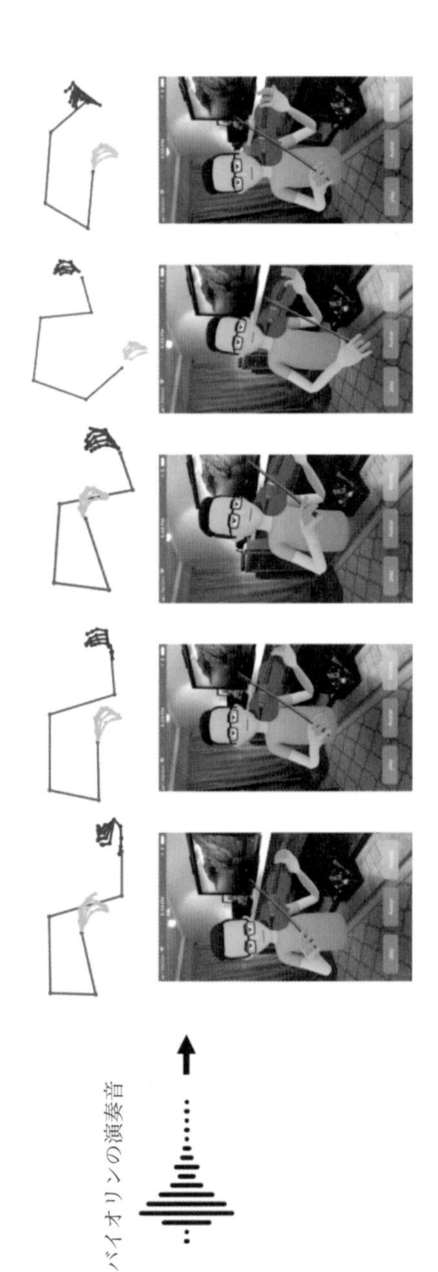

図 1　演奏音からアバターを生成した結果（[3] より引用し翻訳）

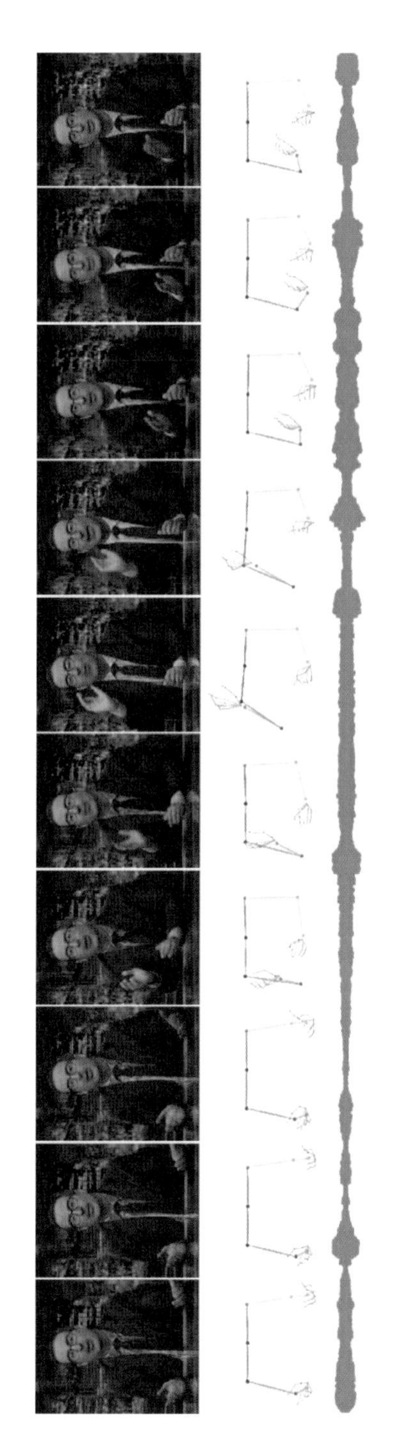

図 2　話者の声からジェスチャーを生成した結果（[4] より引用）

体のキーポイントの座標を回帰します。一般的に人物姿勢推定の研究は，正確な人物姿勢の真値を計測するためにモーションキャプチャなどの大掛かりな実験環境を整える必要がある，という課題を抱えています。ピアノとバイオリンを演奏する音声つきの動画が必要なこの研究では，特にこの部分が大規模データセットを作成する上で大きな障壁となります。そこで，この研究ではインターネット上から "in the wild" [3] な演奏映像を取得し，既存の 2 次元関節点座標予測モデルを活用して擬似的な真値を得ました。したがって，PCA を用いた次元削減によりラベルのノイズを除去する学習方法や，座標の真値がノイジーなフレームをルールベースで訓練データから削除する前処理[4] が効果的であったと述べられています。

[3] 実験室などの特別な環境で撮影されていない，ということを意味しています。

[4] 具体的には，各動画でリファレンスフレームを用意し，そこで得られた人物のバウンディングボックスと人物の位置が離れすぎているフレームや，フレーム間で差が大きく生じたフレームなどを削除します。

2.2 スピーチ音声を利用した姿勢生成

Shiry Ginosar, et al.: "Learning Individual Styles of Conversational Gesture" (2019) [4]

前項で，会話の音声から顔の表情を推定する研究 [11] に触れましたが，ここではスピーチの音声から表情ではなくジェスチャーを推定する研究を紹介します（図 2）。

この研究では，スピーチと音声の関係性を解析するため，10 人の発話者による 144 時間に及ぶ音声と動画のデータセットを構築しました。また，2.1 項で紹介した論文 [3] と同様に，既存の 2 次元姿勢推定モデル [12] を使用して，肩と手などのキーポイントの位置に関する擬似的なラベルを得ました。

ネットワークの構成を簡単に説明します。図 3 に示すように，まずスピーチ音声を 2 次元のスペクトログラムに変換します。その後，2 次元のダウンサンプリングを複数回実施し，1 次元のベクトルからなるシーケンスが得られるよ

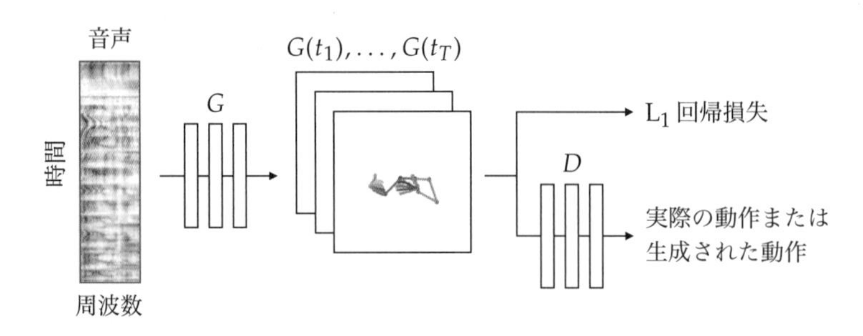

図 3　モデルのアーキテクチャ（[4] より引用し翻訳）。モデルの出力を識別器に通すことにより，平均的な姿勢を続ける不自然な動画を生成することを防いでいる。

うに変形します。こうして得られた特徴ベクトルシーケンスを時間方向の1次元U-Netブロックに通し，最終的な腕や手の座標を出力します。時間方向の畳み込みを使用するのは，発話音声とジェスチャーは非同期であり，発話した瞬間の前後数フレームにわたって発話内容に関連するジェスチャーが発生しうるという不確実性が存在するためであると述べられています。また，残差結合をもつU-Net構造を採用することで，局所的な情報を保存でき，素早い動きにも対応可能になりました。

また，単純にL_1損失を使った訓練方法を採用すると，ネットワークが平均的な姿勢のみを出力してしまうため，与えられた姿勢が実際に撮影された画像か予測結果かを推定する識別器を用意し，敵対的学習を利用することで，より自然なモーションを得ることに成功しています。

2.3 音をプロンプトとした画像生成

Kim Sung-Bin, et al.: "Sound to Visual Scene Generation by Audio-to-Visual Latent Alignment" (2023) [5]

音の意味情報を画像と組み合わせる研究からは，最後に，CVPR2023に採択された，録音された音とマッチするシーン画像を生成する研究について紹介します。図4に示すように，この研究の非常に興味深い点は，音声に合う画像を生成できるだけではなく，入力音声の強弱を変化させたり[5]，潜在空間上で対応する画像と入力音の重み付けを変化させて足し合わせることで，生成される画像を編集したりすることができる点です。

モデルの概要を図5に示します。既存の研究[13]では，音声を条件としたconditional GANを使用することで，音声から直接画像生成を行いました。しかし，音声と画像ではその表現に大きな差があり，安定した学習が困難です。そこで，この手法では，音声から直接画像を生成するのではなく，学習済み画像エンコーダー，デコーダーをパイプラインの中で部分的に活用することを考えています[6]。具体的には，音声エンコーダーを通して得られる音声ベクトルと，学習済みの画像エンコーダーの出力ベクトルとの距離が，共通の潜在空間上で短くなるように音声エンコーダーを学習させました。その後，得られた音声ベクトルに対して同じく学習済みの画像デコーダーを使用することで，質の高いリアルな画像が得られます。音声と画像のペアを用意するためには，動画のデータセットから音声と画像の関連が高いフレームを抽出する必要があり[7]，画像データセットよりデータセットのサイズが小さくなってしまいます。そのことを踏まえると，提案手法の画期的なポイントは，大量のデータを使った自己教師あり学習によって質の高い画像の潜在表現を獲得しているエンコーダー

[5] 音の強弱の変化は，画像中では音源までの距離の変化という形で反映されています。

[6] ここでは画像エンコーダー，デコーダーに関してfine-tuningも実施しません。

[7] この研究では，学習済みのSound source localizationモデル[14]を使用しています。

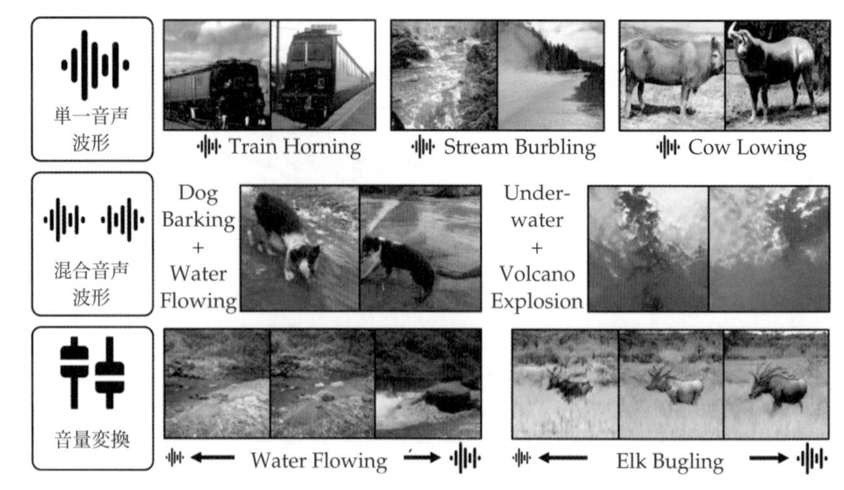

(a) 音声波形に対する操作によって生成された画像

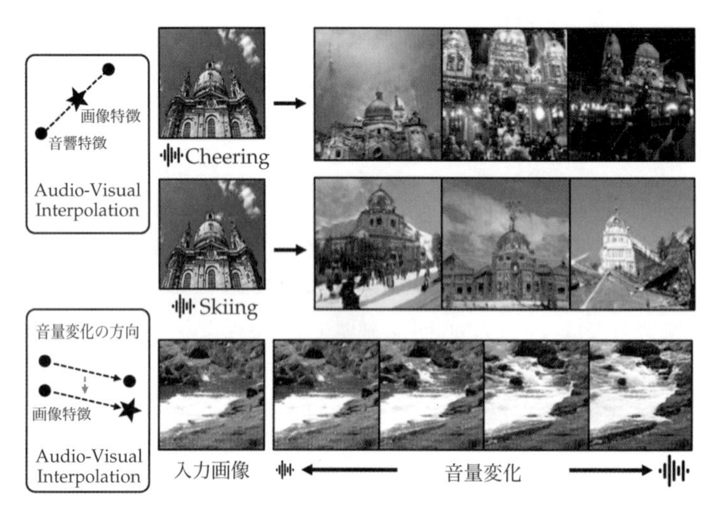

(b) 潜在空間上での操作によって生成された画像

図 4　音声から画像を生成した結果（[5] より引用し翻訳）。単一の音声から対応する画像を生成するだけではなく，音声と画像の共通潜在空間上で複数の音を混合させたり加重平均の重みを変化させたりすることで，生成画像を編集できる。

とデコーダーを転移学習させることなく使用することで，小規模なデータセットを用いて行われる追加の学習時には音声エンコーダーの向上に集中することができ，学習がスムーズに行われた点であるといえます。

また，GAN を用いて画像を音から直接生成する先行研究 [13] と異なり，音と画像の潜在空間を一度合わせるステップを踏むことで，可能な編集の幅が広がったことも重要です。すでに達成されていた，音の強弱によって音源の位置

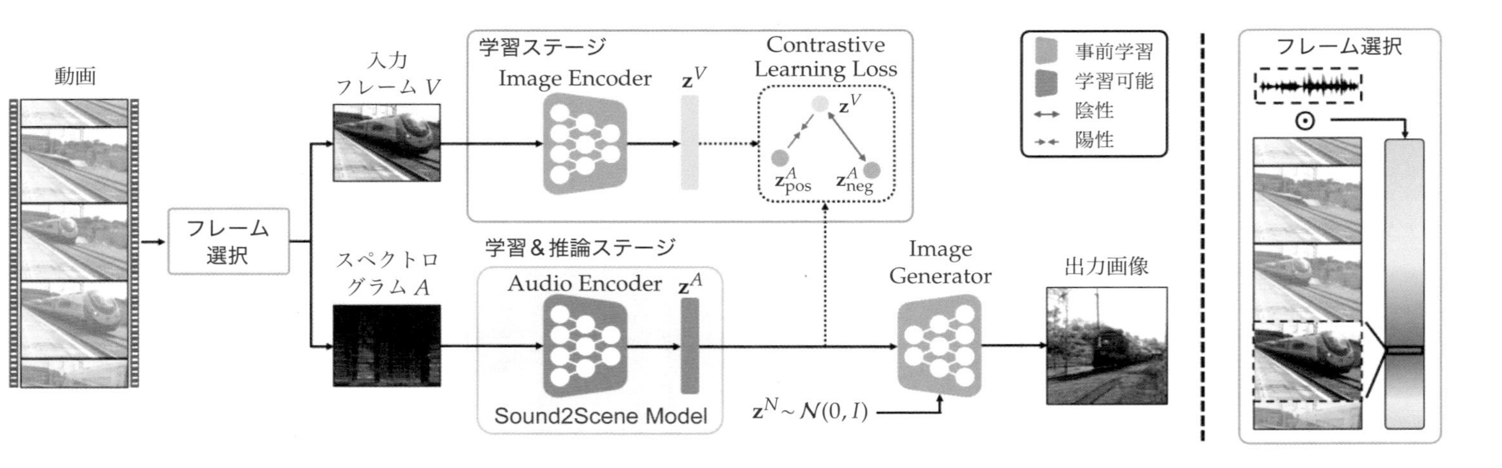

図 5　モデルの概要（[5] より引用し翻訳）。画像と音声のペアに対して，対照学習を用いて共通の潜在空間上の距離を近づける。図の右側は音声と関連をもつフレームを動画から抽出している様子を示している。

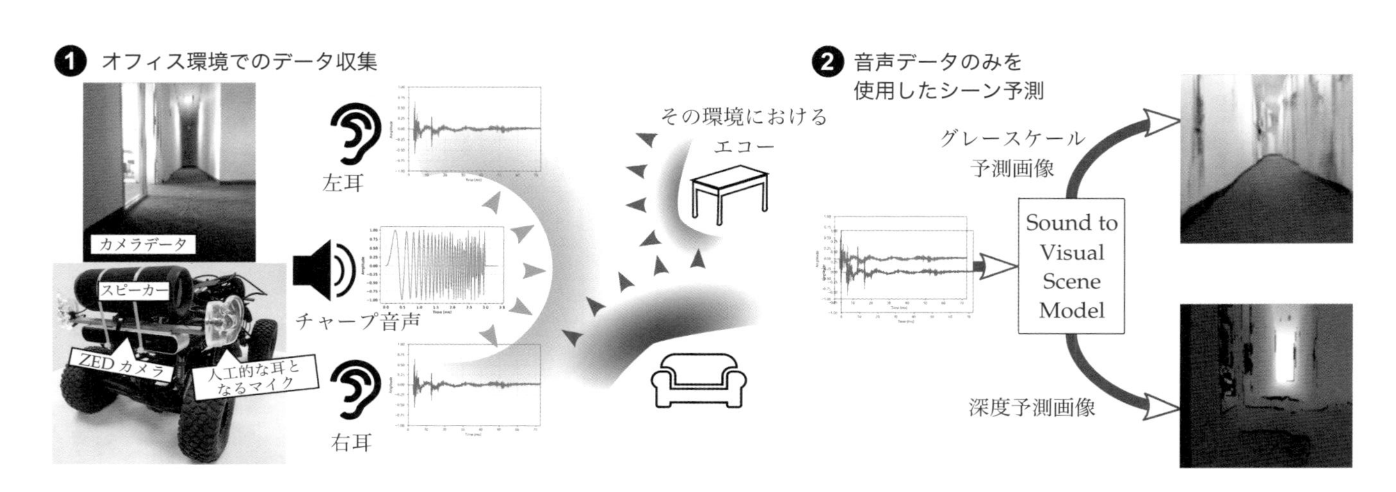

図 6　BatVision の概要（[6] より引用し翻訳）。2 台のマイク，各 1 台のスピーカーとステレオカメラを搭載した小型車両をオフィス内で操作し，各地点での反響音，深度画像，グレースケール画像を推定している。

を変える操作に加えて，音ベクトルと画像ベクトルの重み付き平均を計算することで，それぞれの要素の重要度を変更させることが可能になりました。

3　意味情報を用いない音響空間センシング

本節では，これまで紹介した研究とは異なり，室内反響特性や音の反射時の振幅・位相の変化といった，音の物理的な情報を深層学習を用いて解析する研究を紹介します。この場合は意味情報を用いる研究と異なり，あらかじめ用意した音をスピーカーから発し，収音された音を解析するアクティブセンシング[8)]の形式をとることが多いです。

[8)] 2 節で紹介した研究は，人や周囲の物体が発する音を利用したパッシブセンシングを利用しています。

3.1　反響音を利用した室内深度推定

Jesper H. Christensen, et al.: "BatVision: Learning to See 3D Spatial Layout with Two Ears" (2020) [6]

BatVision は，コウモリやイルカといった生物がもつ，エコーを発信して周囲の空間を把握する能力に着想を得て行われた研究です。図 6 に示すように，2 台のマイク，各 1 台のスピーカーとステレオカメラを設置し，スピーカーから発せられたチャープ信号[9)] の反響音を解析することで，ステレオカメラから得られる深度画像やグレースケール画像を推定しています。マイクを 2 組設置したのは，2 つの収音された信号の位相差を利用することで，音の到来方向を推定できるためです。

[9)] 鳥の鳴き声のように，短い時間幅で周波数が増加する信号のこと。

実験には，1 周期が 3 ms で，周波数を 20 Hz から 20 kHz まで変化させるチャープ信号が使用されました。室内の壁や物体の表面で反射した後にマイクに到達する信号を解析することにより，室内の 3 次元情報を取得することが可能です。この研究では，反響音を十分に取得するため，音声は 72.5 ms の間録音されています。

この研究では，得られた音声をスペクトログラムに変換し，2 次元ダウンサンプリング層およびエンコーダー，デコーダーに通すモデルと，生の音声に対して 1 次元畳み込み処理を複数回行い，その後逆畳み込み処理をして 2 次元のマップを得る 2 つのモデルが提案されています[10)]。また，先ほど紹介した研究 [4] と同様に，出力画像に対してそれが実際の画像かモデルの出力結果かどうかを評価する識別器を用意し，より現実に近い表現の獲得を試みています。

[10)] 論文には，スペクトログラムに変換したモデルのほうが若干精度が良いと記載されています。ただし，推論速度の観点から，実験の多くは生の信号を用いたモデルを使用して行われています。

図 7 は，生の音声信号を使用した場合の深度画像とグレースケール画像に関するモデルの定性評価を示しています。結果を見ると，特に深度推定において精度が高い予測を行えていることがわかります。また，GAN を使用すること

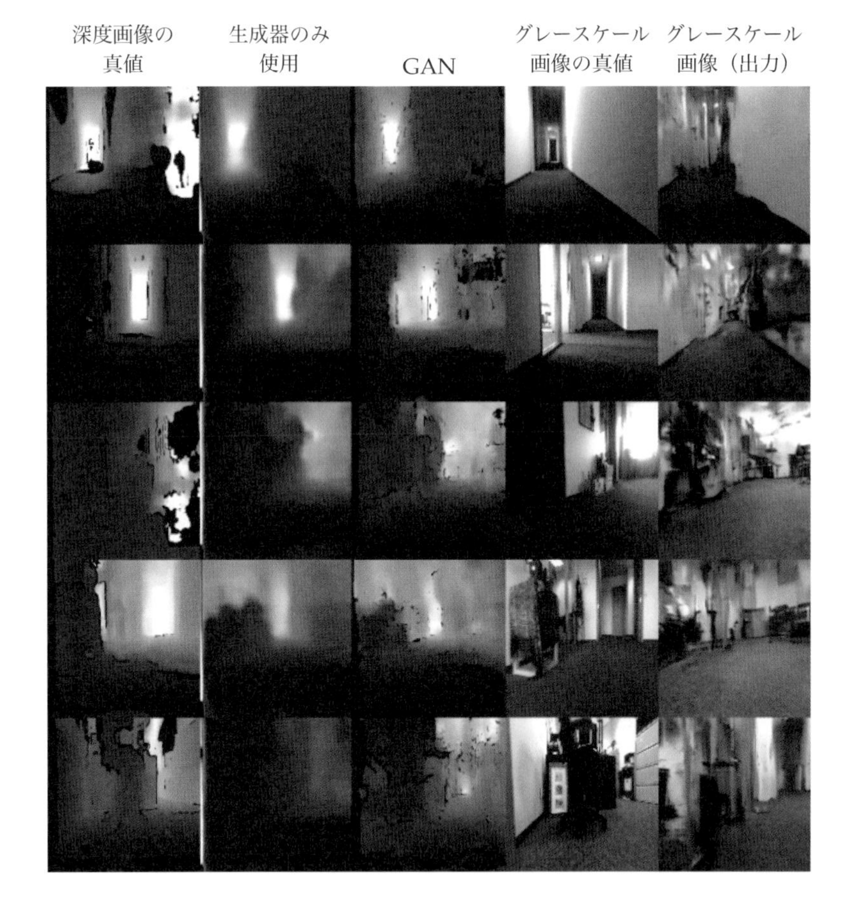

図 7　BatVision モデルの定性評価（[6] より引用し翻訳。紙面の都合上一部のサンプルを省略）

によって，きめ細かい画像表示や，はっきりとした輪郭を表現することが可能になりました[11]。グレースケール画像に関しては，深度推定と比較すると精度は落ちますが，大まかな壁の配置や障害物の位置などは予測できているように見受けられます。

[11] ただし，定量評価においては精度は悪化しています。

一方で，論文中には精度良く推定できなかったシーンの例も複数件掲載されており，会議室など多くの障害物がある場所や，音を吸収する素材でできた物体がシーン内に存在する場合における予測精度の低下が，今後の課題として挙げられていました。また，至近距離に位置する物体に関しては，物体表面での反射が生じた後に，似たような経過時間と似たような振幅の減衰でマイクへと辿り着くパスが複数存在するため，到来方向に関して曖昧さが生じることも指摘されていました。

3.2　反響音を利用したメートル単位での人物姿勢推定

Zhijian Yang, et al.: "PoseKernelLifter: Metric Lifting of 3D Human Pose using Sound" (2022) [7]

続いて，RGB 画像とアクティブ音響センシングを組み合わせることでメートル単位での人物姿勢推定に成功した PoseKernelLifter を紹介します。遠近法の影響を受ける RGB 画像を用いる場合，写っている人物のサイズを単一の画像から予測することは不可能です。しかし，ロボティクスや AR/VR などの分野における実応用のためには，メートル単位で予測を行うことは非常に重要です。この研究では，スピーカーから発せられたチャープ信号を解析することで，スピーカー，人物，マイク間の距離の情報を取得し，メートル単位での 3 次元姿勢推定を実現させました。

研究の概要を図 8 に示します。マイクで収音された音は，スピーカーで発せられる入力音に室内の反響特性を示すインパルス応答を畳み込むことで再現できます。この研究では，実験中の室内のインパルス応答を

- 人がいない状態での室内反響特性（Room response，$\overline{k_j}(t)$）
- 人がいることによる影響（Pose kernel，$k_j(t)$）

に分け，周波数領域において前者の項を減算することで，人がいることによる影響のみを捉えるモデルを作成しました[12]。これにより，入力から部屋に依存する情報を減らし，異なる部屋でも汎化性能をもつモデルの作成を試みています。もちろん人体で反射した後に部屋の壁などで反射した音が収音される場合もありますが，そういった室内反響特性と，人がいることによる影響の両方を受ける項は，無視できるほど小さいとしています。

12) したがって，推論を行う前に，人がいない状態でのインパルス応答を各部屋で測定する必要があります。

実験で使用されたマイクは指向性をもっておらず，3 次元空間で人物の位置を推定することは困難に思えるかもしれません。しかし，図 9 に示すように，インパルス応答がもつ各ピークまでの時間を音速で割ることにより，「スピーカー → 人物 → マイク」という，収音されるまでに音が辿った距離＝一定の楕円上のどこかに反射を起こした人がいることを導き出すことが可能です[13]。PoseKernelLifter においては，複数のマイクを用いてこの楕円を複数描き，2 次元 RGB 画像モデルから得られた 3 次元ヒートマップをチャンネル方向に結合させました。その後，3 次元畳み込み演算を繰り返すことで，既存のモデルよりも高い精度でメートル単位の予測が実現しました。

13) 図は，可視化のために 2 次元で表示されていますが，実際は 3 次元のヒートマップが得られます。

ただし，この研究においては，入力として RGB 画像を追加せずに音だけを使用する場合，精度が大幅に悪化します。また，先ほど述べたように，この研究は室内インパルス応答と人の影響を表す Pose kernel は相互に影響しないとい

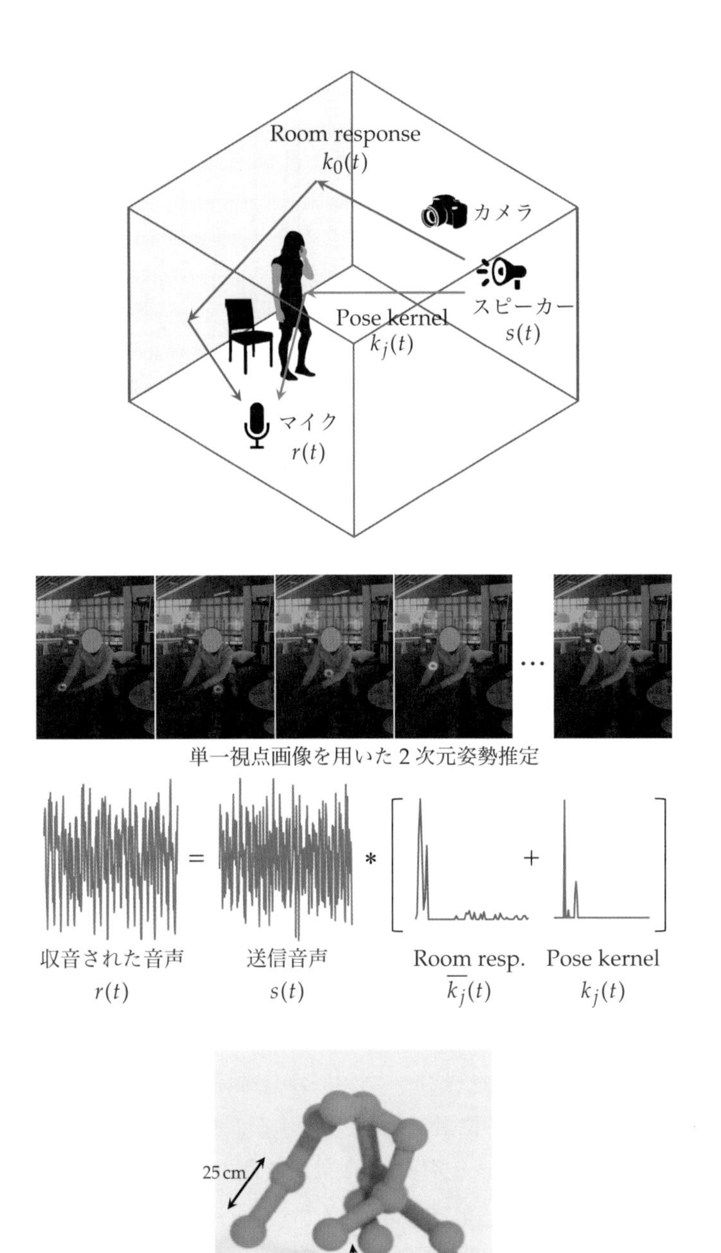

図 8　PoseKernelLifter の概要（[7] より引用し翻訳）。インパルス応答を，人がいない室内の特性に由来するもの（青色）と，人体での反射に由来するもの（橙色）に分けている。

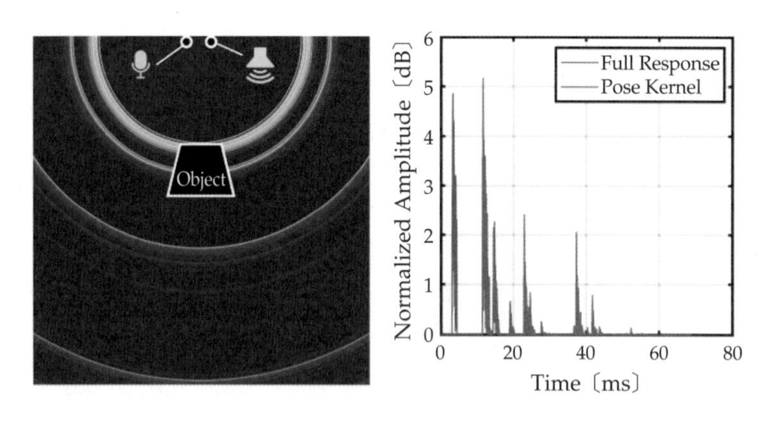

図 9　PoseKernelLifter における人物位置の推定方法（[7] より引用）

う仮定のもとでモデルを作成しており，そのような仮定は狭い部屋では成り立たないことに注意する必要があります。

3.3　時系列情報を用いた人物姿勢推定

Yuto Shibata, et al.: “Listening Human Behavior: 3D Human Pose Estimation With Acoustic Signals” (2023) [8]

最後に，CVPR2023 に採択され，筆者も論文著者の一人として携わった研究について，簡単に説明します。この研究では，3.2 項と同様に，アクティブ音響センシングによって人物の 3 次元姿勢を推定しています（図 10）[14]。

図 10 に示すように，推定対象となる被験者の前後に 2 組のスピーカーと 1 台のマイクを設置し[15]，スピーカーからチャープ信号の一種である TSP（time-stretched pulse）信号を発します。この信号が被験者の身体で反射・吸収されることによる振幅の減衰や位相の変化を解析することによって，被験者の 3 次元姿勢を推定します。チャープ信号の 1 周期の長さは約 0.05 秒で，間隔を空けずにリピートされます。ここまでにアクティブ音響センシングの例として紹介した 3.1 項や 3.2 項の研究と異なり，姿勢の時系列情報を活かしたモデルのアーキテクチャや，損失関数を採用しています。また，これまでに紹介した研究は，すべて無指向性のモノラルチャンネルマイクを使用していますが，本項の研究では，無指向および x, y, z 成分を表す 4 チャンネル形式で収音することが可能なアンビソニック（Ambisonics）マイクを使用していることも特徴的です。このような形式で音声を取得し，チャンネル間の位相差を計算することで，Intensity Vector と呼ばれる音の到来方向を示す特徴量を計算することが可能になりました[16]。

[14] 3.2 項とは異なり，メートル単位での姿勢推定は行っていないことに注意してください。訓練に使用する座標値は，被験者の体格のスケールで正規化されています。

[15] このようにマイクとスピーカーを設置することにより，人の身体で反射した音の大部分をマイクで収音することが可能になります。

[16] 腕や足などの各関節点で反射した音の到来方向推定問題を解いていることになります。

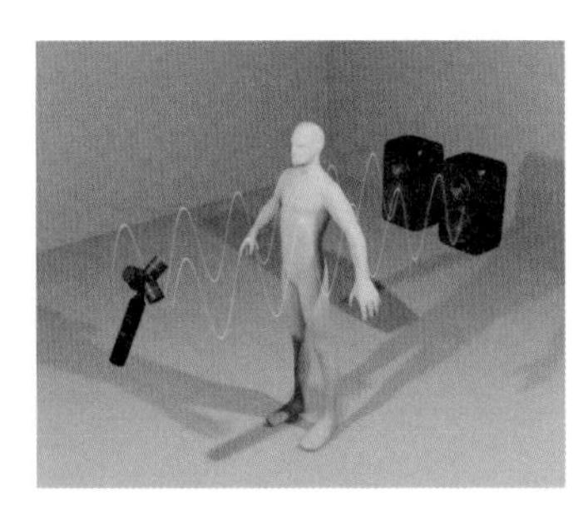

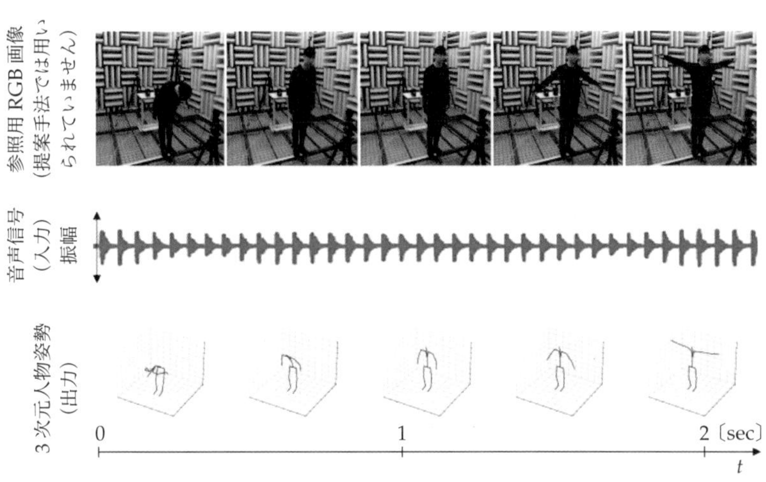

図 10　研究の概要（[8] より引用し翻訳）

使用したネットワークの概要を図 11 に示します。この図に示されるように，基本的なアーキテクチャは 2.2 項で先述した研究 [4] を参考にし，2 次元ダウンサンプリングと 1 次元 U-Net ブロックを活用しています[17]。一方で，2.2 項においては，人物によってスピーチの特徴が異なることから，人物ごとにモデルを作成していますが，本項の研究では，未知の被験者に対して汎化性能をもたせる必要があります。したがって，図 11 に示すように，被験者識別モジュール（subject discriminator module）を用意し，識別器が被験者を識別できないように敵対的学習を行うことで，被験者間の特徴量のシフトを減らし，汎化性能の向上が実現しました[18]。

[17] メルスペクトログラムに加えて，先ほど述べた Intensity Vector を入力として追加している点は，先行研究と異なります。

[18] 具体的には，被験者識別モジュールの出力の標準偏差に比例する損失項を追加することで，予測分布を平らにし，エントロピーが大きくなるようにしました。

おわりに

本稿では，音というモダリティがもつ特徴を最初に説明し，その後，音響情報を用いたシーン・空間理解に関する最新の研究をいくつか紹介しました。マルチモーダルな入力を用いた基盤モデルなどの研究に注目が集まっている中，空

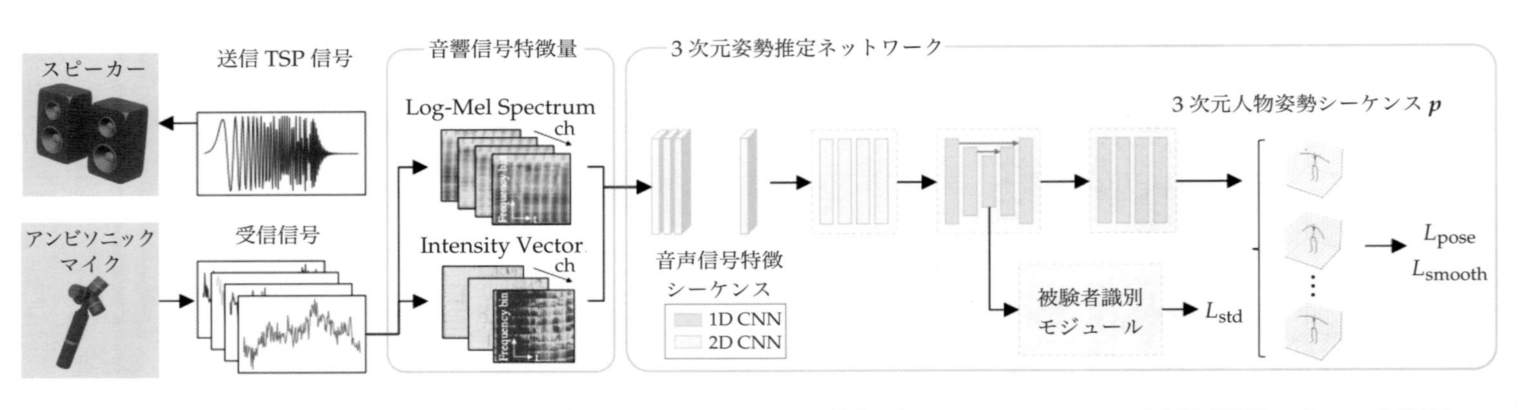

図 11　モデルのアーキテクチャ（[8] より引用し翻訳）。文献 [4] のネットワーク構造に加えて，Intensity Vector と被験者識別モジュールを使用している。

間の3次元特性や起きているアクションに関する情報をもつ音を対象とした研究は，今後よりいっそう発展していくでしょう。本稿が音響情報のコンピュータビジョン応用に関する研究開発を推進する一助となれば幸いです。

参考文献

[1] Alec Radford, Jong Wook Kim, Chris Hallacy, Aditya Ramesh, Gabriel Goh, Sandhini Agarwal, Girish Sastry, Amanda Askell, Pamela Mishkin, Jack Clark, et al. Learning transferable visual models from natural language supervision. In *Proceedings of the International conference on machine learning*, pp. 8748–8763. PMLR, 2021.

[2] Robin Rombach, Andreas Blattmann, Dominik Lorenz, Patrick Esser, and Björn Ommer. High-resolution image synthesis with latent diffusion models. *arXiv:2112.10752*, 2021.

[3] Eli Shlizerman, Lucio Dery, Hayden Schoen, and Ira Kemelmacher-Shlizerman. Audio to body dynamics. In *Proceedings of the IEEE conference on computer vision and pattern recognition*, pp. 7574–7583, 2018.

[4] Shiry Ginosar, Amir Bar, Gefen Kohavi, Caroline Chan, Andrew Owens, and Jitendra Malik. Learning individual styles of conversational gesture. In *Proceedings of the IEEE/CVF Conference on Computer Vision and Pattern Recognition*, pp. 3497–3506, 2019.

[5] Kim Sung-Bin, Arda Senocak, Hyunwoo Ha, Andrew Owens, and Tae-Hyun Oh. Sound to visual scene generation by audio-to-visual latent alignment. In *Proceedings of the IEEE/CVF Conference on Computer Vision and Pattern Recognition*, pp. 6430–6440, 2023.

[6] Jesper H. Christensen, Sascha Hornauer, and X. Yu Stella. Batvision: Learning to see 3d spatial layout with two ears. In *Proceedings of the 2020 IEEE International Conference on Robotics and Automation*, pp. 1581–1587. IEEE, 2020.

[7] Zhijian Yang, Xiaoran Fan, Volkan Isler, and Hyun Soo Park. PoseKernelLifter: Metric lifting of 3D human pose using sound. In *Proceedings of the IEEE/CVF Conference on Computer Vision and Pattern Recognition*, pp. 13179–13189, 2022.

[8] Yuto Shibata, Yutaka Kawashima, Mariko Isogawa, Go Irie, Akisato Kimura, and Yoshimitsu Aoki. Listening human behavior: 3D human pose estimation with acoustic signals. In *Proceedings of the IEEE/CVF Conference on Computer Vision and Pattern Recognition*, pp. 13323–13332, 2023.

[9] Ruohan Gao, Tae-Hyun Oh, Kristen Grauman, and Lorenzo Torresani. Listen to look: Action recognition by previewing audio. In *Proceedings of the IEEE/CVF Conference on Computer Vision and Pattern Recognition*, pp. 10457–10467, 2020.

[10] Changan Chen, Alexander Richard, Roman Shapovalov, Vamsi K. Ithapu, Natalia Neverova, Kristen Grauman, and Andrea Vedaldi. Novel-view acoustic synthesis. In *Proceedings of the IEEE/CVF Conference on Computer Vision and Pattern Recognition*, pp. 6409–6419, 2023.

[11] Christoph Bregler, Michele Covell, and Malcolm Slaney. Video rewrite: Driving visual speech with audio. In *Proceedings of the 24th annual conference on Computer*

graphics and interactive techniques, pp. 353–360, 1997.

[12] Zhe Cao, Gines Hidalgo, Tomas Simon, Shih-En Wei, and Yaser Sheikh. OpenPose: Realtime multi-person 2D pose estimation using part affinity fields. *IEEE Transactions on Pattern Analysis and Machine Intelligence*, Vol. 43, No. 01, pp. 172–186, 2021.

[13] Chia-Hung Wan, Shun-Po Chuang, and Hung-Yi Lee. Towards audio to scene image synthesis using generative adversarial network. In *Proceedings of the ICASSP 2019 – 2019 IEEE International Conference on Acoustics, Speech and Signal Processing*, pp. 496–500, 2019.

[14] Arda Senocak, Hyeonggon Ryu, Junsik Kim, and In So Kweon. Less can be more: Sound source localization with a classification model. In *Proceedings of the IEEE/CVF Winter Conference on Applications of Computer Vision*, pp. 3308–3317, 2022.

しばた ゆうと（慶應義塾大学）

フカヨミ 潜在空間で画像編集
大きさ・色・形，思いどおりに画像を編集！

■青嶋雄大　■松原崇

画像をはじめとするさまざまなデータを自由に創り出すことは，コンピュータビジョンの研究における究極のゴールの１つでしょう。この目的のため，変分自己符号化器（VAE），敵対的生成ネットワーク（GAN），そして最近では拡散モデルといった，深層学習を用いたさまざまな手法が提案されてきました。これらの手法は，写真やイラストからその分布を学習し，それを再現することで，無から新しい画像を生み出します。生成される画像は，表現空間（潜在空間）上に与えられた座標によって決まります。そのため，この座標を操作することで，生成される画像を意のままに編集する方法が研究されてきました。しかし，既存の画像編集の手法では，意図しない編集結果や品質の低い編集結果が得られることがよくありました。理由の１つとして，表現空間における座標系が適切に学習されていないことが挙げられます。本稿では，表現空間における座標系に注目し，生成される画像を高品質に編集できる手法 DeCurvEd（deep curvilinear editing）を紹介します。

1　はじめに：表現の学習とは

I. Goodfellow らの深層学習に関する教科書 “Deep Learning” [1] では，深層学習は「表現学習」（representation learning）というグループに含められています。もとをたどると「表現」は哲学や認知神経科学の用語でもあり[1)]，ある概念に対応する何かを意味します。単語ごとに離散的な ID を対応付けるような表現を局所表現といい，認知神経科学では１つの神経細胞が１つの概念に対応すると考えるおばあさん細胞仮説に対応します。形式ニューロンを最初に提案した W. McCulloch らの論文 [2] でも representation という言葉が使われ，この局所表現が想定されていました。単語に連続的なベクトルを対応付けるような表現を分散表現といい，認知神経科学では神経細胞集団の発火パターンで概念が表現されると考えるセルアセンブリに対応します。T. Mikolov ら [3] によるいわゆる word2vec は，文章を手がかりとして単語の局所表現から分散表現を学習する手法といえます。

1) これらの分野では，「表象」と訳されていることが多いようです。

誤差逆伝播法の名前のもととなった D. Rumelhart らの論文 [4] のタイトルは "Learning Representations by Back-Propagating Errors" といい，誤差逆伝播法によってニューラルネットワーク内部に分散表現が自動的に学習されていくと説明されています。他方，画像認識の領域では，その目的のために専門家によってさまざまな特徴量が研究されてきました [5, 6]。このような特徴量もある種の表現と考えることができます。そして，畳み込みニューラルネットワークなどの発展によって，専門家が設計した特徴量に匹敵あるいは凌駕する優れた特徴量＝表現を自動で獲得できるようになったことが，今日の深層学習の成功に繋がっています [1, 7]。また逆に，表現から対応する音声や画像を創り出す手法も存在し，深層生成モデルなどと呼ばれています [8, 9, 10]。このような歴史を考えると，表現に対する研究は，深層学習研究のまさに中核であるといえるでしょう。歴史的経緯から，画像の表現は特徴（量），単語や文章の表現は埋め込み，マルチモーダルの場合は意味，生成モデルが関係する場合は潜在変数と呼ばれる傾向がありますが，本稿の範囲ではそれらはすべて同じものであるとお考えください。本稿では画像を対象に扱いますが，本稿の議論は画像以外の文章や音声にも適用できます。

表現が配置される空間は表現空間と呼ばれ[2)]，一般に表現空間には何らかの構造が入ります。最も一般的に導入されるのが距離であり，距離があれば画像の間の近さ（類似度）を考えることができ，似た画像を分類したり検索したりすることができます [11]。さらに，ベクトルの演算を導入することもあります[3)]。word2vec では，ある単語の表現ベクトルを $\{\cdot\}$ とすると，$\{king\} - \{man\} + \{woman\}$ という表現ベクトルの加減算を行い，最も近い単語を調べると $\{queen\}$ が得られます [3]。*king* と *queen* は性別が異なるだけでおおよそ同じ概念と見なせるので，表現ベクトルの加減算が意味の加減算に対応していると考えることができます。

2) 意味空間，特徴空間，埋め込み空間とも呼ばれます。

3) 本来，演算が定義されていなければ，数値の集合をベクトルとは呼べないのですが，演算を考えない場合でもよく分散表現をベクトルと呼びます。同じように，深層学習の文脈では単なる多次元配列をテンソルと呼びます。

このような表現ベクトルの演算は，深層生成モデルの一種である敵対的生成ネットワーク（GAN）でも確認されています [8]。眼鏡を掛けた画像の表現ベクトルと，眼鏡を掛けていない画像の表現ベクトルの差をとることで，「眼鏡を掛けている」という属性に対応するベクトル（属性ベクトル）を得ることができます。眼鏡を掛けていない画像の表現ベクトルにこの属性ベクトルを足すことで，元の画像が眼鏡を掛けている画像に変化します。しかし，表現ベクトルの演算による画像の編集は，必ずしも思いどおりになりません。画像が崩れてしまったり，目的と異なる属性まで編集されてしまったりします。後者の問題を解決することを，disentanglement（和訳すれば「（絡まった紐の）解きほぐし」）といいます。本稿では，このような問題を解決するため，著者らが国際会議 IEEE/CVF Conference on Computer Vision and Pattern Recognition

(CVPR）で提案した新しい表現ベクトルの演算方法＝画像の編集方法であるDeCurvEd（deep curvilinear editing）を紹介します [12]。

拡散モデルとの関係

ところで，最近は画像生成の分野で拡散モデルが大流行しており [13, 14]，また，生成される画像の決定には文章を用いることが増えています [15]。本稿は GAN と表現空間を主な対象としていますので，少し最近の流行から外れているように見えるかもしれません[4]。しかしながら，GAN と拡散モデルの性能競争は一進一退であり，CVPR2023 では拡散モデルよりも高品質な画像を生成する GAN が提案されています [16]。また，画像に適度なノイズを与えたものは，拡散モデルにとっての画像の表現と見なせることが確認されており [13, 14]，拡散モデルに対しても提案手法の DeCurvEd を適用できると考えられます。

[4] CVPR2023 での査読でもポスター発表でも，また国内で発表した際も，この点を繰り返し指摘されました。前述のとおり，表現空間の研究は非常に一般性のあるものだと考えていますが，ここでは情勢を踏まえた位置付けをしっかり説明したいと思います。

画像生成に文章を用いる場合，画像と文章を同じ表現空間に埋め込む CLIP がよく使われます [17]。具体的には，CLIP で文章を表現に変換し，それを生成モデルに条件として与えます [18]。それは結局，生成モデルに CLIP 由来の表現空間が追加されているだけなので，DeCurvEd に限らず，一般に表現空間を対象にした手法を使うことができます [19]。文章を表現ベクトルにせず，cross-attention などを使って画像生成の条件にする方法 [15] であれば，さすがに DeCurvEd の利用は難しいといわざるを得ません。しかし，そのような方法では，表現空間を用いた画像編集の目的である「顔を少しだけ横方向に回転させる」というような微妙な編集は困難です。意図的に細やかな編集をするために，表現空間の利用はなお有効であり，この方向の研究も続くことが期待されます。

2　意味論的な画像編集

生成モデル

ここでは，深層生成モデルについて簡単に説明します。主に深層学習が対象とする画像処理のタスクは，画像 x が入力されたときに，望ましい出力 y を与える写像 $y = f(x)$ を学習するものです。タスクが画像分類なら y はラベル，セグメンテーションであれば y はマスクを意味する 0-1 画像です。このようなモデルを識別関数や識別モデルなどと呼びます。一方，生成モデルとは，データ x が生成される確率的なプロセス $p(x)$ を学習します。$p(x)$ がうまく学習できれば，そこから新しい擬似データ x' を得ることができるので，近年注目を浴びている生成 AI のように，クリエイティビティを発揮するシステムを構築できま

す。ただ，実際に確率分布 $p(x)$ を直接学習することは難しいので，潜在変数 z とその確率分布 $p(z)$ を導入し，データが生成されるプロセス $p(x|z)$ を学習することが一般的です。潜在変数はその名のとおり，直接観測できない変数です。周辺分布を考えて z を消去すると $p(x) = \int_z p(x|z)p(z)$ になり，もともと欲しかった分布 $p(x)$ が得られます。一般に潜在変数 z はデータ x より低次元であり，表現ベクトルとして機能することが知られています [8, 9, 10]。

本稿の範囲では，画像などを生成する GAN は生成モデルの一種であることと，潜在変数は表現ベクトルとして機能すること，また潜在変数 z を変化させると生成される画像 x も変化することさえ押さえておけば，問題ありません。優れた教科書 [20] がありますので，参照してください。

直交座標系を学習する手法

深層生成モデルでは，潜在変数などの表現ベクトル z を変化させることで，生成される画像 x を変化させられます。そこで，生成される画像を自由に編集したいと考えることは，自然な拡張でしょう。表 1 にそのようなモチベーションを共有した手法をまとめました。まず考えられることは，表現ベクトルの各要素が特定の属性に紐付けられるような学習アルゴリズムを考えることです [10, 21, 22, 23] [5)]。そうすれば，表現ベクトルの各要素を変化させることで，属性を編集できます。しかし，このような手法は，新しい目的関数を導入する必要があり，学習が不安定化したり，そもそも生成される画像の品質が下がってしまったりといった副作用があります。表現ベクトルの各要素は，表現空間に直交座標系を考えて，その基底ベクトルがそれぞれ属性ベクトルに対応しているということができます。

5) 一般的に disentanglement といえば，この系統の研究を指します。なぜなら，学習中に表現空間を disentangle しなければ，学習後に属性ベクトルを発見することは不可能と考えられるためです。

表 1　手法の比較

	制約付き学習	線形ベクトル演算	ベクトル場	提案手法
座標系	デカルト座標系	斜交座標系	局所座標系のみ	曲線座標系
訓練不要	✗	✓	✓	✓
非線形な編集	–	✗	✓	✓
可換な編集	✓	✓	✗	✓
座標系の模式図（[12] より引用）				

線形ベクトル演算を定義する手法

そこで，学習済みのモデルの表現空間において，表現ベクトルを発見する手法が必要です。これには，学習済みのモデルの重みパラメータを解析する方法 [24, 25, 26] や，潜在変数の分布を解析する方法 [27]，生成された画像を属性に応じてグループ分けし，その差を属性ベクトルと見なす方法 [8]，表現ベクトルを変化させ，それによって引き起こされる画像の変化をグループ分けすることで属性ベクトルを特定する方法 [28] など，さまざまなアプローチが提案されています。いずれの手法も，表現に属性ベクトルを足し引きすることを前提にしています。属性ベクトルを基底ベクトルだと思えば，これらの手法は表現空間に線形だが直交ではない座標系（斜交座標系）を想定しているといえます。表1の "線形ベクトル演算" を参照してください。word2vec もこのグループに属します。しかし，この手法ではあまり disentangle された結果は得られません[6]。現実に存在するデータには多くの場合で偏りや歪み，属性間の相関があるので，結果的に作られる表現空間が平坦で均一であるとは考えにくいためです。また，基準とする表現空間中の座標によって，属性ベクトルの向きがバラバラになるという報告があります [29]。そのため，これらの手法による画像の編集は，品質面で劣ったものになりがちです。

[6] 歴史的な順番でいえば，この結果が直交座標系を学習する手法の動機になっています。

ベクトル場を定義する手法

そこで，属性ベクトルの向きを表現空間中の座標に依存する形で定義します。これは，それぞれが1つの属性に対応した複数のベクトル場の集合を考えていることになります。いわば属性ベクトル場です。表1の "ベクトル場" もあわせて確認してください。あるベクトル場に沿って表現ベクトルを動かせば，対応する属性を足したり引いたりできることが期待できます[7]。Tzelepis ら [30] は，WarpedGANSpace という手法を提案しました。この手法は Voynov ら [28] の手法を基盤に，RBF カーネルの勾配を用いて，属性ベクトル場を定義しています。Choi ら [31] は，表現空間中の座標に依存する属性の局所的な基底を定義しましたが，実質的には属性ベクトル場と同一のものです。StyleFlow [32] や SSFlow [33] も同様です。N 次元多様体において，局所基底，局所座標系，N 個の独立なベクトル場の集合はすべて等価で，座標ベクトル場とも呼ばれます [34, Example 8.2]。しかし，これらの手法では座標系が局所的にしか定義されていないため，大域的には不整合が起こる可能性があります。詳細は以降の節で論じます。

[7] これらの手法は，disentanglement について，学習そのものに原因があるのではなく，属性ベクトルの方向が一定だという仮定が間違っていることが原因だと考えます。

これ以外の手法として，表現空間にリーマン計量を導入することで，表現の間の距離を適切に定義したものもあります [35, 36, 37]。これは2枚の画像の間を連続的に変化させるような目的には役立ちますが，一般の編集には使えません。

3　理論的な背景

著者らの手法の提案に先立ち，理論的な背景を述べます。以下に現れる微分幾何学に関する概念や用語に関する詳細は，教科書 [34] を参考にしてください。

$\mathcal{X}$ を画像の空間，$\mathcal{Z}$ を表現空間とします。表現空間 $\mathcal{Z}$ は N 次元の空間であり，N 次元のユークリッド空間と同相であると仮定します（要するに，球面やトーラスではないと考えます）。生成モデルには生成器とか復号化器と呼ばれる関数 G があり，この関数は表現空間 $\mathcal{Z}$ 上の点 z を画像空間 $\mathcal{X}$ 上の点 x に写します（$x = G(z)$）。ベクトル場を定義する手法では，画像 x の属性 k を編集するために，属性 k に対応した表現空間 $\mathcal{Z}$ 上のベクトル場 Z_k に沿って，画像 x の表現 z を変化させます[8)]。そして，新しい表現 z' を得，画像 $x' = G(z')$ を作ります。表現の変化だけを書くと

$$z' = z + \int_0^t Z_k(z(\tau))\mathrm{d}\tau \tag{1}$$

です。ただし，$z(0) = z$ であり，$t \in \mathbb{R}$ は属性 k の変化量です。t はプラスでもマイナスでも構いません。フローという時間発展を表す写像 $\phi_k^t : z(\tau) \mapsto z(\tau + t)$ を用いると，上式は

$$z' = \phi_k^t(z) \tag{2}$$

とも書けます。ここで，編集の可換性を次のように定義します。

[定義 1]（編集の可換性）　属性 k と l の編集が可換であるとは，対応するフロー ϕ_k^t と ϕ_l^s が可換であることを意味する。つまり，任意の表現 $z \in \mathcal{Z}$ と変化量 $s, t \in \mathbb{R}$ に対し，$(\phi_l^s \circ \phi_k^t)(z) = (\phi_k^t \circ \phi_l^s)(z)$ が成り立つ。

直感的にいえば，編集する順序によらず，得られる画像は同じであるということです。たとえば，画像に写った人物に横を向かせてから笑顔にさせることと，笑顔にさせてから横を向かせることは同じだということです。もちろん，現実には行動の順序が結果に影響を与えることはあり得ます。提案手法ではデザイナーが画像を編集するような用途を想定しますので，編集は順序によらず，意図的にできるものであることが望ましいという立場に立ちます。

[注意 1]　線形ベクトル演算を定義する手法は，ベクトル場を定義する手法の特殊な例であり，可換な編集が可能である。

線形ベクトル演算を定義する方法は，表現空間中に一定の属性ベクトルを考えますが，これは座標に依存しないベクトル場と見なすことができます。厳密な証明は，CVPR の原稿 [12] を確認してください。

8) $\{z^i\}_{i=1}^N$ を点 $z \in \mathcal{Z}$ の近傍の座標系（基底ベクトル）とします。点 z における表現空間 $\mathcal{Z}$ の接空間（速度ベクトルの空間）$\mathcal{T}_z\mathcal{Z}$ を考えると，その座標系は $\{\frac{\partial}{\partial z^i}\}_{i=1}^N$ と書くことができ，ベクトル場も $Z_k(z) = \sum_{i=1}^N Z_k^i(z)\frac{\partial}{\partial z^i}$ と書けます。ただし，Z_k^i は $\mathcal{Z} \to \mathbb{R}$ なる滑らかな関数です。

[定理 1]（可換なベクトル場 [34, Theorem 9.44]）　フロー ϕ_k と ϕ_l が可換であることと，対応するベクトル場 Z_k と Z_l が可換であることは等価である。

一般にベクトル場は非可換なので，次のことがいえます。

[注意 2]　ベクトル場を定義する手法による画像の編集は一般に非可換である。

また，次の定理を紹介します。

[定理 2]（可換なベクトル場の正準系 [34, Theorem 9.46]）　N 次元空間 $\mathcal{Z}$ 上のベクトル場 $Z_1, Z_2, \ldots, Z_N$ が，開集合 $\mathcal{U} \subset \mathcal{Z}$ 上で線形独立かつ可換とする。任意の $z \in \mathcal{U}$ に対して，z を中心とし，$\frac{\partial}{\partial s^i} = Z_i$ となるような滑らかな座標チャート $(f, \{s^i\}_{i=1}^N)$ が存在する[9]。

[9] 要するに，N 個のベクトル場が線形独立で可換なら，直交座標系を連続的に変形させることで，座標系の軸とベクトル場の流れを一対一で対応させることができるという意味です。

4　提案手法

4.1　提案手法の概略

前節を受けて，図 1 に示す概念に基いた DeCurvEd を提案します。直感的には，定理 2 の開集合 $\mathcal{U}$ が表現空間 $\mathcal{Z}$ 自体と等しい場合です。N 次元のユークリッド空間 $\mathcal{V}$ を用意し，大局的に直交座標系 $\{v^i\}_{i=1}^N$ を定義します。これを直交化表現空間と呼びます。属性 k に対応するベクトル場 $\tilde{Z}_k$ を，標準基底の k 番目の要素 e_k で定義します。

$$\tilde{Z}_k := e_k \tag{3}$$

前節で議論したように，このように定義されたベクトル場 $\tilde{Z}_k$ と $\tilde{Z}_l$ は，任意の k と l について可換です。ベクトル場 $\tilde{Z}_k$ から導かれるフロー $\psi_k^t : \mathcal{V} \to \mathcal{V}$ は次のように与えられます。

$$\psi_k^t(v) := v + \int_0^t e_k \mathrm{d}\tau = v + te_k \tag{4}$$

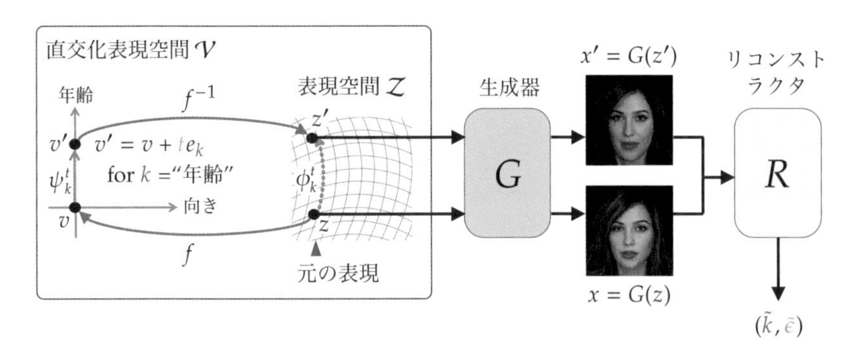

図 1　DeCurvEd の概念図（[12] より引用し和訳）。左の枠内は DeCurvEd による属性の編集。右半分は GAN と組み合わせたもの（CurvilinearGANSpace）。

$(\psi_l^s \circ \psi_k^t)(v) = v + te_k + se_l = (\psi_k^t \circ \psi_l^s)(v)$ なので，フロー ψ_k と ψ_l は可換です。滑らかな全単射写像 $f : \mathcal{Z} \to \mathcal{V}, z \mapsto v$ を導入します。定理 2 の座標チャートに対応します。この写像 f はフローベースモデルと呼ばれる種類の深層学習で実装できます[10)]。この研究では FFJORD [40] の実装を応用しています。写像 f を用いて，表現空間 $\mathcal{Z}$ 上のフロー ϕ_k を次のように定義します。

$$\phi_k^t \coloneqq f^{-1} \circ \psi_k^t \circ f \tag{5}$$

図 1 の左の枠内をご覧ください。その後，生成器 G を用いて新しく編集された画像 $x' = G(z')$ を生成することができます。

10) フローベースモデルの多くは特殊な構造をしたニューラルネットワークであり，その構造を切り替えることで，写像 f と逆写像 f^{-1} を表現します。パラメータは共有されているので，写像 f と逆写像 f^{-1} は同時に学習されます。Glow [38]，Neural ODE [39]，FFJORD [40] などがあります。

4.2 提案手法の理論的背景

押し出し f_* とは，写像 f から自然に導かれる写像であり，表現空間 $\mathcal{Z}$ 上のいろいろな要素を，直交化表現空間 $\mathcal{V}$ 上の要素に変換します [34]。逆写像 f^{-1} による押し出し $(f^{-1})_*$ も同様です。座標系に注目すると，$(f^{-1})_*$ は直交化表現空間 $\mathcal{V}$ 上の座標系を写すことで，表現空間 $\mathcal{Z}$ 上に座標系を定義していると考えることができます。直交座標系を連続的に変形して定義される座標系は，曲線座標系（curvilinear coordinate system）と呼ばれます。そのため，この手法を DeCurvEd（deep curvilinear editing）と名づけました。写像 f が空間 $\mathcal{Z}$ と $\mathcal{V}$ の間で大局的に定義されているため，曲線座標系も大局的に定義されます。ベクトル場に注目すると，$(f^{-1})_*$ は直交化表現空間 $\mathcal{V}$ 上の可換なベクトル場を，その可換性を保ったまま表現空間 $\mathcal{Z}$ 上に写すことで，表現空間 $\mathcal{Z}$ の可換なベクトル場を定義していると考えることができます。したがって，次のことがいえます。

[注意 3]　DeCurvEd を使用した表現空間 $\mathcal{Z}$ 上の属性の編集は，非線形かつ可換である。

[注意 4]　DeCurvEd は，表現空間 $\mathcal{Z}$ 上のベクトル場を定義する手法の特殊な場合である。

[注意 5]　線形ベクトル演算を定義する手法は，DeCurvEd の特殊な場合であり，線形な写像 f をもつ。

このような特徴より，DeCurvEd は線形ベクトル演算とベクトル場の両方の利点を享受できます。これらすべての説明は，特定のモデルの性質に依存していないので，次のことがいえます。

[注意 6]　DeCurvEd は，潜在変数などの表現に条件付けられた任意の生成モデル，つまり GAN [41]，VAE [10]，conditional PixelCNN [42]，拡散モデル [13, 14] などに対して使うことができる。

4.3 CurvilinearGANSpace

この研究では DeCurvEd の性能を検証するため，図 1 の右側に示すように，DeCurvEd を Voynov ら [28] によって提案された GAN のための教師なし学習フレームワークに応用しました。このフレームワークを応用した先行研究 [30] は WarpedGANSpace と呼ばれているため，提案手法を "CurvilinearGANSpace" と呼ぶことにします。以下はそのフレームワークの実験設定です。

潜在変数 z を適当に選び，ランダムに選んだ属性 k をランダムな量 ϵ だけ変化させ，新たに潜在変数 z' を生成します。なお，添え字は N 個ありますが，N があまりに大きい場合は，先頭から N' 個の添え字だけを編集の候補とする場合もあります。また，リコンストラクタ R というニューラルネットワークを用意します。これは元の画像 $x = G(z)$ と編集後の画像 $x' = G(z')$ のペアを受け取り，編集された属性の添え字 k と変化量 ϵ を回帰します。添え字 k の回帰にはソフトマックス関数の交差エントロピー，変化量 ϵ の回帰には絶対値誤差を回帰誤差として用います。写像 f とリコンストラクタ R は，これらの回帰誤差を最小化するように学習されます。添え字 k が回帰できるようになれば，リコンストラクタ R が添え字どうしを区別しやすいように写像 f が学習され，1 つの属性が 1 つのベクトル場に割り当てられ，属性の disentanglement が促進されることが期待されます。変化量 ϵ が回帰できるようになれば，潜在変数 z の変化が画像 x の意味的な変化に連続的に対応するように写像 f が学習されることが期待されます[11)]。

GANSpace のフレームワークに加えて，CurvilinearGANSpace では次の正則化項 L_{nl} を導入します。

$$L_{\mathrm{nl}}(z) = \left(\log\det\left|\frac{\partial f}{\partial z}\right|\right)^2 \tag{6}$$

ヤコビ行列の行列式 $\det|\frac{\partial f}{\partial z}|$ は，写像 f によって潜在空間 $\mathcal{Z}$ 上の領域が直交化表現空間 $\mathcal{V}$ に写されるとき，どれだけ領域が広がるかを示します。行列式の対数の自乗を最小化しているので，行列式は 1.0 に近づきます。このとき，写像 f は等長写像，つまり面積を変えません。したがって，この正則化項 L_{nl} は極端な変形を避ける役割を果たします。

なお，これまでの説明では，潜在変数 z があらかじめ得られている場合を想定していました。画像 x のみが得られており，その画像を編集したいという場合，いったん画像 x から潜在変数 z を推論する方法を CurvilinearGANSpace に組み合わせる必要があります [43]。

11) 細かな式はページ数の都合で省きますので，CVPR の原稿 [12] を確認してください。

5　実験と結果

5.1　実験設定

データセットとモデル

CurvilinearGANSpace および関連手法を，表 2 にまとめたデータセット，GAN，およびリコンストラクタの組み合わせで評価しました。N は潜在空間 $\mathcal{Z}$ の次元数，N' は訓練に使用した添え字の数です。StyleGAN2 の場合，$\mathcal{W}$-Space を潜在空間として使用しました。ILSVRC と CelebA-HQ には，公式のリポジトリの学習済みモデルを用いました。これらの実験設定は関連手法と同じです [28, 30]。関連手法として，線形ベクトル演算を定義する手法 [28] と，ベクトル場を定義する手法 WarpedGANSpace [30] を使用しました。区別しやすいように，前者を LinearGANSpace と呼ぶことにします。LSUN Car データセット以外では学習済みモデルを使用し，LSUN Car データセットでは著者らが独自に訓練したモデルを使用しました[12]。

[12] 詳細な実験設定は，やはり CVPR の原稿を参照してください [12]。本稿の提案はあくまで DeCurvEd であり，CurvilinearGANSpace は評価実験用の構成にすぎません。

表 2　データセットと実験設定

データセット	**GAN**	リコンストラクタ	N	N'
MNIST [44]	SNGAN [45]	LeNet [46]	128	128
AnimeFaces [47]	SNGAN [45]	LeNet [46]	128	128
ILSVRC [48]	BigGAN [49]	ResNet-18 [50]	120	120
CelebA-HQ [51]	ProgGAN [52]	ResNet-18 [50]	512	200
CelebA-HQ [51]	StyleGAN2 [53]	ResNet-18 [50]	512	200
LSUN Car [54]	StyleGAN2 [53]	ResNet-18 [50]	512	200

評価指標

CelebA-HQ では，学習済みの属性予測器 $A_k : \mathcal{X} \to \mathbb{R}$ を使用して，生成された画像の属性スコアを測定しました。FairFace [55] を用いて年齢，性別，人種（肌の色）を，CelebA-HQ attribute classifier [56] を用いて微笑，ひげ，前髪を，Hopenet [57] を用いて顔の向きを測定しました。また，測定された属性スコアとの共分散が最も大きい添え字 k を，その属性に対応するものと同定しました。上記の手順は，WarpedGANSpace でも採用されています [30]。

潜在変数 z の属性 k の変化量 t は，生成された画像 $x = G(z)$ の属性スコア A_k の変化量とは異なります。公平な比較のために，変化量 t を正規化し，測定された属性スコアが顔の角度で 5 度，他の属性で 0.1 変化するような変化量を $\tilde{t} = 0.1$ としました。

添え字の同定と変化量の正規化をしたあとで，以下の評価指標を導入します。

属性 $k+l$ の可換性誤差は，属性 k と属性 l の編集の順序を変更して適用した場合の属性スコアの差であり，画像編集の可換性を評価します。副作用は，属性 k の編集により他の属性 $l \neq k$ がどれだけ変化してしまうかを，割合で表します。副作用が小さいことは，属性を disentanglement できていることを意味します。

属性の学習を済ませた属性予測器が CelebA-HQ でしか入手できなかったので，これらの評価は CelebA-HQ に対してのみ行いました。他のデータセット [28, 30] については，添え字と属性の関係は目視で選びました[13]。

13) これは先行研究も同様です。

5.2 実験結果

編集の可換性

変化量の合計がゼロになるように画像属性を順次編集し，その結果を図 2 にまとめました。LinearGANSpace と CurvilinearGANSpace では，編集後に生成された画像は元の画像とまったく同一です。これは画像編集が可換であることを示しています。WarpedGANSpace による編集では，MNIST では太さや角度が，AnimeFaces では髪の色が，ILSVRC では前景の位置や背景の内容が，CelebA-HQ では顔の角度と画像の明るさが，元に戻りませんでした。このことは，WarpedGANSpace の編集が非可換であることを意味しています。

数値的な結果を表 3 にまとめました。CelebA-HQ+StyleGAN2 を用いて，$\tilde{t} = 0.1$ だけ編集したときの可換性誤差を示しています。LinearGANSpace と CurvilinearGANSpace の誤差は常に 1.0% 未満であり，無視できるレベルです[14]。WarpedGANSpace のエラーは少なくとも 1.0%，最大では 11.4% に達しました。つまり，WarpedGANSpace による編集は可換ではなく，LinearGANSpace と CurvilinearGANSpace による編集は可換です。

14) LinearGANSpace の誤差は，畳み込みニューラルネットワークを GPU 上で非決定的に並列実行したことによる丸め誤差のばらつきに起因します。一方，CurvilinearGANSpace のほうは，数値積分を使う FFJORD で写像 f を実装しているため，数値誤差の影響も受けています。

図 2 の結果をより細かく見てみましょう。まず，LinearGANSpace による編集に注目すると，AnimeFaces に対する編集では形が崩れてしまっています。ILSVRC では，前景の位置を編集しようとすると，ポーズや背景が変わってしまいます。CelebA-HQ では，横方向の回転が髪型まで変えてしまいます。次に，WarpedGANSpace による編集を見てみましょう。AnimeFaces では，髪の色や長さを編集すると，顔の形（つまり同一性）まで変えてしまいます。CelebA-HQ では，顔の回転が，髪の色，肌の色，明るさにも影響を与えてしまいます。他方，CurvilinearGANSpace の編集は重大な副作用がなく，品質も優れています。

このように，CurvilinearGANSpace は，単に可換なだけではなく，属性の disentanglement を改善していることがわかります。CurvilinearGANSpace

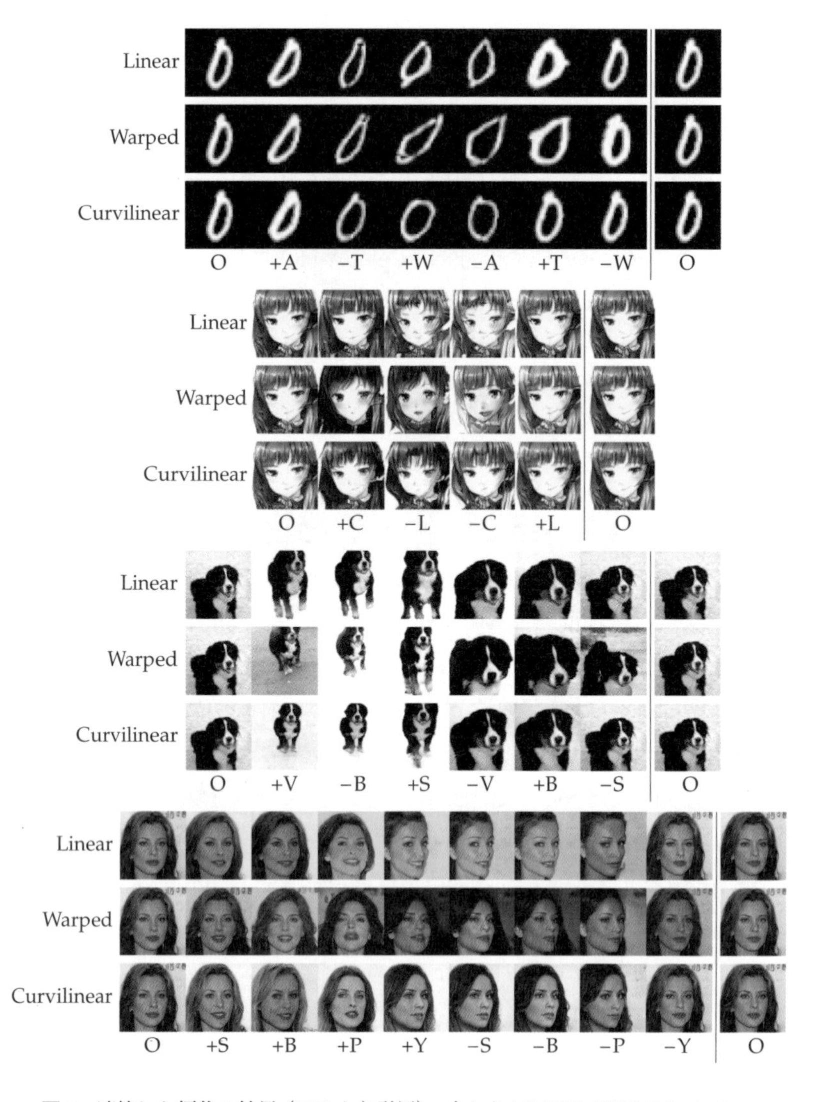

図 2　連続した編集の結果（[12] より引用）。上から MNIST+SNGAN，AnimeFaces+SNGAN，ILSVRC+BigGAN，CelebA-HQ+ProgGAN。O がオリジナル。+/− 記号は対応する属性の加算と減算。属性は次のとおり。MNIST は A：傾き，T：太さ，W：横幅。AnimeFaces は C：髪の色，L：髪の長さ。ILSVRC は V：縦方向の位置，B：背景，S：前景の大きさ。CelebA-HQ は S：微笑，B：前髪，P：縦回転，Y：横回転。

は，属性に対応するベクトル場が局所的に線形独立であると仮定しているため，常に各属性に異なる方向を割り当てます。一方，WarpedGANSpace にはそのような制約がありません。この違いが属性の disentanglement に影響していると考えられます。

表 3　StyleGAN2 を用いた編集の可換性誤差〔%〕（A：年齢，B：前髪，G：性別，R：人種，Y：横回転，P：縦回転）

2 属性	A+G	R+P	B+Y
Linear [28]	**0.01** / **0.05**	**0.02** / **0.07**	**0.02** / **0.15**
Warped [30]	11.40 / 6.62	3.15 / 3.46	1.28 / 2.22
Curvilinear	0.07 / 0.35	0.05 / 0.62	0.08 / 0.55

3 属性	G+B+Y	A+R+P
Linear [28]	**0.04** / **0.02** / **0.21**	**0.01** / **0.01** / **0.16**
Warped [30]	3.58 / 1.05 / 8.54	3.77 / 3.28 / 3.33
Curvilinear	0.23 / 0.07 / 0.51	0.09 / 0.07 / 0.90

6 属性	A+B+G+R+Y+P
Linear [28]	**0.02** / **0.02** / **0.06** / **0.02** / **0.12** / **0.45**
Warped [30]	9.48 / 1.71 / 7.43 / 1.19 / 6.90 / 6.52
Curvilinear	0.06 / 0.03 / 0.27 / 0.10 / 0.89 / 0.60

表 4　StyleGAN2 における副作用〔%〕（A：年齢，G：性別，R：人種，B：前髪，P：縦回転，Y：横回転。赤字は 90% 以上の副作用を示す）

		属性 l における副作用					
	編集対象 k	A	G	R	B	P	Y
Linear [28]	A	100	59	37	63	41	61
	G	28	100	16	78	20	17
	R	61	52	100	71	24	19
	B	**175**	**172**	78	100	70	64
	P	71	90	43	76	100	57
	Y	58	55	43	94	36	100
Warped [30]	A	100	51	63	**111**	59	23
	G	75	100	**94**	**124**	**236**	57
	R	63	64	100	**131**	73	25
	B	23	27	22	100	15	21
	P	41	44	30	80	100	41
	Y	30	30	22	97	23	100
Curvilinear	A	100	80	45	**137**	60	37
	G	62	100	50	84	61	40
	R	65	56	100	60	37	23
	B	40	38	15	100	14	19
	P	60	52	36	76	100	44
	Y	41	62	21	79	21	100

属性の disentanglement

表 4 に副作用をまとめます。編集対象の属性 k を $\tilde{t} = \pm 0.1$ だけ編集したときの他の属性 l の変化を % で表しており，±0.09 (90%) 以上変化した場合を「重大な副作用」と定義し，赤い太字で強調表示しました。3 つの編集手法すべてが，高い相関関係がある年齢と前髪の属性を混同しました。CurvilinearGANSpace に

は，他の重大な副作用はありませんが，LinearGANSpace と WarpedGANSpace には多くの重大な副作用があります。たとえば，WarpedGANSpace による人種の属性の編集は，前髪の属性を大きく変化させます。

図 3 に可視化の結果をまとめます。CurvilinearGANSpace による画像編集は意図したとおりで，副作用が最も少ないように見えます。一方，LinearGANSpace や WarpedGANSpace による画像編集には，多くの副作用があります。(a) と (b) は，MNIST データセットの "0" の横幅と "6" の太さの編集結果を示しており，LinearGANSpace と WarpedGANSpace は，数字を傾けてしまっています。(c) と (d) は，AnimeFaces の結果です。LinearGANSpace と WarpedGANSpace による髪の色の編集は，顔（つまり同一性）も変化させます。髪を長くすると，なぜか逆に顔に落ちる陰が減少します。(e) と (f) は，写真の犬を拡大または縦方向に移動させた結果で，LinearGANSpace と WarpedGANSpace は方向と背景も変えてしまいます。(g) では，顔を横回転させると，LinearGANSpace は髪型に，WarpedGANSpace は肌の色に副作用を及ぼします。(h) では，WarpedGANSpace で微笑の属性を編集すると，顔の角度が変化します。(i) と (j) では，車体の色や撮影角度の編集が，大きさまで変えてしまっています。

このように，DeCurvEd の非線形かつ可換という性質は，属性の disentanglement という面にも貢献していることがわかります。

6 まとめ

この研究では，表現空間を用いた画像の編集方法として，曲線座標系を利用する DeCurvEd と，それを GAN と組み合わせた CurvilinearGANSpace を紹介しました。もととなった論文 [12] ではさらに多くの結果や詳細な設定を掲載しているので，ご確認ください。DeCurvEd はコンピュータビジョンの研究ですが，深層学習の構造や学習法を提案しているわけではありません。読者の皆様がこの手法を直接使うことは少ないかもしれませんが，こういう方向性の研究もあるのだということだけでも，ご記憶いただけましたら幸甚です。

最後に，この研究の拡張や発展研究として考えられるものを紹介します[15]。

[15] 本稿の著者 2 名では手が回っていないというのが正直なところで，もしこれらの実験をされましたら，ぜひ著者までご一報ください。

(1) 異なるフレームワークと組み合わせて DeCurvEd を評価することは，DeCurvEd の汎用性を示すために重要です。この研究では属性ベクトルを発見する方法として LinearGANSpace のフレームワークを選びました。WarpedGANSpace [30] という別の先行研究が同じフレームワークを採用していたことと，どちらも学習済みモデルを公開していたこと，そして両手法と比較することで DeCurvEd の利点が十分に立証できると考

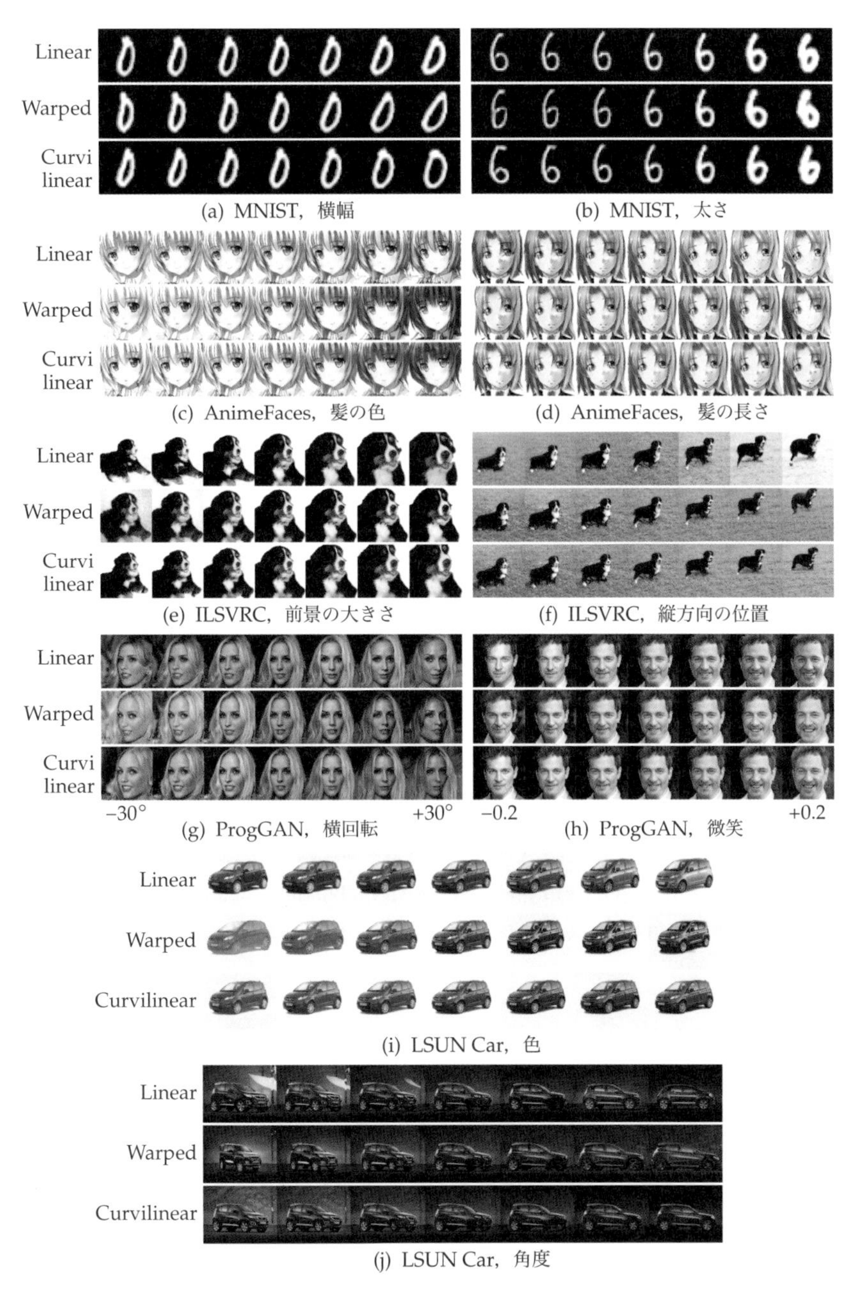

図3　徐々に編集した場合の可視化結果（[12] より引用）。データセットと編集した属性は各パネルの下部のキャプションを参照。パネルの中央がもととなる画像であり，属性を引いたものが左，足したものが右。

えたためです。また，教師あり学習のフレームワークでは，利用可能なラベル付きデータセットがほとんどなく，DeCurvEd を十分に評価できません。これらは論文にまとめるための都合ですので，どのようなフレームワークと組み合わせることが実用上最も効果的か検討することは重要です。

(2) 本稿の 1 節の最後と注意 6 で主張したとおり，DeCurvEd は理屈の上では拡散モデルや CLIP とともに使うことができます。それらが実証できれば，DeCurvEd の汎用性をさらに示すことができます。

参考文献

[1] Ian Goodfellow, Yoshua Bengio, and Aaron Courville. *Deep Learning*. The MIT Press, 2016.

[2] Warren S. McCulloch and Walter Pitts. A Logical Calculus of the Ideas Immanent in Nervous Activity. In *The Bulletin of Mathematical Biophysics*, Vol. 5, 1943.

[3] Tomas Mikolov, Greg Corrado, Kai Chen, Jeffrey Dean, Greg Corrado, and Jeffrey Dean. Efficient Estimation of Word Representations in Vector Space. In *International Conference on Learning Representations (ICLR)*, 2013.

[4] David E. Rumelhart, Geoffrey E. Hinton, and Ronald J. Williams. Learning Representations by Back-propagating Errors. *Nature*, Vol. 323, 1986.

[5] Alex Krizhevsky, Ilya Sutskever, and Geoffrey E. Hinton. ImageNet Classification with Deep Convolutional Neural Networks. In *Advances in Neural Information Processing Systems (NIPS)*, 2012.

[6] Quoc V. Le, Marc'Aurelio A. Ranzato, Rajat Monga, Matthieu Devin, Kai Chen, Greg S. Corrado, Jeff Dean, and Andrew Y. Ng. Building High-level Features Using Large Scale Unsupervised Learning. In *International Conference on Machine Learning (ICML)*, 2012.

[7] Yoshua Bengio, Aaron C. Courville, and Pascal Vincent. Representation Learning: A Review and New Perspectives. *IEEE Transactions on Pattern Analysis and Machine Intelligence*, Vol. 35, , 2013.

[8] Alec Radford, Luke Metz, and Soumith Chintala. Unsupervised Representation Learning with Deep Convolutional Generative Adversarial Networks. In *International Conference on Learning Representations (ICLR)*, 2016.

[9] Diederik P. Kingma and Max Welling. Auto-Encoding Variational Bayes. In *International Conference on Learning Representations (ICLR)*, 2014.

[10] Irina Higgins, Loic Matthey, Arka Pal, Christopher Burgess, Xavier Glorot, Matthew Botvinick, Shakir Mohamed, and Alexander Lerchner. β-VAE: Learning Basic Visual Concepts with a Constrained Variational Framework. In *International Conference on Learning Representations (ICLR)*, 2017.

[11] Andrea Frome, Greg S. Corrado, Jon Shlens, Samy Bengio, Jeff Dean, Marc'Aurelio Ranzato, and Tomas Mikolov. DeViSE: A Deep Visual-Semantic Embedding Model.

In *Advances in Neural Information Processing Systems (NIPS)*, 2013.

[12] Takehiro Aoshima and Takashi Matsubara. Deep Curvilinear Editing: Commutative and Nonlinear Image Manipulation for Pretrained Deep Generative Model. In *IEEE/CVF Conference on Computer Vision and Pattern Recognition (CVPR)*, 2023.

[13] Jonathan Ho, Ajay Jain, and Pieter Abbeel. Denoising Diffusion Probabilistic Models. In *Advances in Neural Information Processing Systems (NeurIPS)*, 2020.

[14] Yang Song, Jascha Sohl-Dickstein, Diederik P. Kingma, Abhishek Kumar, Stefano Ermon, and Ben Poole. Score-Based Generative Modeling through Stochastic Differential Equations. In *International Conference on Learning Representations (ICLR)*, 2021.

[15] Robin Rombach, Andreas Blattmann, Dominik Lorenz, Patrick Esser, and Björn Ommer. High-Resolution Image Synthesis with Latent Diffusion Models. In *IEEE/CVF Conference on Computer Vision and Pattern Recognition (CVPR)*, 2022.

[16] Minguk Kang, Jun-Yan Zhu, Richard Zhang, Jaesik Park, Eli Shechtman, Sylvain Paris, and Taesung Park. Scaling Up GANs for Text-to-Image Synthesis. In *IEEE/CVF Conference on Computer Vision and Pattern Recognition (CVPR)*, 2023.

[17] Alec Radford, Jong Wook Kim, Chris Hallacy, Aditya Ramesh, Gabriel Goh, Sandhini Agarwal, Girish Sastry, Amanda Askell, Pamela Mishkin, Jack Clark, Gretchen Krueger, and Ilya Sutskever. Learning Transferable Visual Models From Natural Language Supervision. In *International Conference on Machine Learning (ICML)*, 2021.

[18] Ming Tao. GALIP: Generative Adversarial CLIPs for Text-to-Image Synthesis. In *IEEE/CVF Conference on Computer Vision and Pattern Recognition (CVPR)*, 2023.

[19] Christos Tzelepis, James Oldfield, Georgios Tzimiropoulos, and Ioannis Patras. ContraCLIP: Interpretable GAN Generation Driven by Pairs of Contrasting Sentences. *arXiv:2206.02104*, 2022.

[20] 須山敦志. ベイズ深層学習. 機械学習プロフェッショナルシリーズ. 講談社, 2019.

[21] Xi Chen, Yan Duan, Rein Houthooft, John Schulman, Ilya Sutskever, and Pieter Abbeel. InfoGAN: Interpretable Representation Learning by Information Maximizing Generative Adversarial Nets. In *Advances in Neural Information Processing Systems (NIPS)*, 2016.

[22] Zinan Lin, Kiran K. Thekumparampil, Giulia C. Fanti, and Sewoong Oh. InfoGAN-CR and ModelCentrality: Self-supervised Model Training and Selection for Disentangling GANs. In *International Conference on Machine Learning (ICML)*, 2020.

[23] Bingchen Liu, Yizhe Zhu, Zuohui Fu, Gerard de Melo, and Ahmed Elgammal. OOGAN: Disentangling GAN with One-Hot Sampling and Orthogonal Regularization. In *AAAI Conference on Artificial Intelligence (AAAI)*, 2020.

[24] Yujun Shen and Bolei Zhou. Closed-Form Factorization of Latent Semantics in GANs. In *IEEE/CVF Conference on Computer Vision and Pattern Recognition (CVPR)*, 2021.

[25] Jiapeng Zhu, Ruili Feng, Yujun Shen, Deli Zhao, Zhengjun Zha, Jingren Zhou, and Qifeng Chen. Low-Rank Subspaces in GANs. In *Advances in Neural Information Processing Systems (NeurIPS)*, 2021.

[26] Jiapeng Zhu, Yujun Shen, Yinghao Xu, Deli Zhao, and Qifeng Chen. Region-Based

Semantic Factorization in GANs. In *International Conference on Machine Learning (ICML)*, 2022.

[27] Erik Härkönen, Aaron Hertzmann, Jaakko Lehtinen, and Sylvain Paris. GANSpace: Discovering Interpretable GAN Controls. In *Advances in Neural Information Processing Systems (NeurIPS)*, 2020.

[28] Andrey Voynov and Artem Babenko. Unsupervised Discovery of Interpretable Directions in the GAN Latent Space. In *International Conference on Machine Learning (ICML)*, 2020. https://github.com/anvoynov/GANLatentDiscovery

[29] Valentin Khrulkov, Leyla Mirvakhabova, Ivan Oseledets, and Artem Babenko. Latent Transformations via NeuralODEs for GAN-based Image Editing. In *International Conference on Computer Vision (ICCV)*, 2021.

[30] Christos Tzelepis, Georgios Tzimiropoulos, and Ioannis Patras. WarpedGANSpace: Finding Non-Linear RBF Paths in GAN Latent Space. In *International Conference on Computer Vision (ICCV)*, 2021. https://github.com/chi0tzp/WarpedGANSpace

[31] Jaewoong Choi, Changyeon Yoon, Junho Lee, Jung Ho Park, Geonho Hwang, and Myung joo Kang. Do Not Escape From the Manifold: Discovering the Local Coordinates on the Latent Space of GANs. In *International Conference on Learning Representations (ICLR)*, 2022.

[32] Rameen Abdal, Peihao Zhu, Niloy J. Mitra, and Peter Wonka. StyleFlow: Attribute-Conditioned Exploration of StyleGAN-Generated Images Using Conditional Continuous Normalizing Flows. *ACM Transactions on Graphics*, Vol. 40, 2021.

[33] Hanbang Liang, Xianxu Hou, and Linlin Shen. SSFlow: Style-guided Neural Spline Flows for Face Image Manipulation. *ACM International Conference on Multimedia (ACMMM)*, 2021.

[34] John M. Lee. *Introduction to Smooth Manifolds*, Vol. 218 of *Graduate Texts in Mathematics*. Springer, 2012.

[35] Georgios Arvanitidis, Lars K. Hansen, and Søren Hauberg. Latent Space Oddity: On the Curvature of Deep Generative Models. In *International Conference on Learning Representations (ICLR)*, 2018.

[36] Georgios Arvanitidis, Søren Hauberg, and Bernhard Schölkopf. Geometrically Enriched Latent Spaces. In *International Conference on Artificial Intelligence and Statistics (AISTATS)*, 2020.

[37] Nutan Chen, Alexej Klushyn, Richard Kurle, Xueyan Jiang, Justin Bayer, and Patrick van der Smagt. Metrics for Deep Generative Models. In *International Conference on Artificial Intelligence and Statistics (AISTATS)*, Vol. 84, 2018.

[38] Diederik P. Kingma and Prafulla Dhariwal. Glow: Generative Flow with Invertible 1x1 Convolutions. In *Advances in Neural Information Processing Systems (NeurIPS)*, 2018.

[39] Ricky T. Q. Chen, Yulia Rubanova, Jesse Bettencourt, and David Duvenaud. Neural Ordinary Differential Equations. In *Advances in Neural Information Processing Systems (NeurIPS)*, 2018.

[40] Will Grathwohl, Ricky T. Q. Chen, Jesse Bettencourt, Ilya Sutskever, and David K.

Duvenaud. FFJORD: Free-form Continuous Dynamics for Scalable Reversible Generative Models. In *International Conference on Learning Representations (ICLR)*, 2019.

[41] Ian J. Goodfellow, Jean Pouget-Abadie, Mehdi Mirza, Bing Xu, David Warde-Farley, Sherjil Ozair, Aaron Courville, and Yoshua Bengio. Generative Adversarial Nets. In *Advances in Neural Information Processing Systems (NIPS)*, 2014.

[42] Aaron van den Oord, Nal Kalchbrenner, Oriol Vinyals, Lasse Espeholt, Alex Graves, and Koray Kavukcuoglu. Conditional Image Generation with PixelCNN Decoders. In *Advances in Neural Information Processing Systems (NIPS)*, 2016.

[43] Weihao Xia, Yulun Zhang, Yujiu Yang, Jing-Hao Xue, Bolei Zhou, and Ming-Hsuan Yang. GAN Inversion: A Survey. *IEEE Transactions on Pattern Analysis and Machine Intelligence*, Vol. 45, 2023.

[44] Yann LeCun and Corinna Cortes. The MNIST Database of Handwritten Digits, 2005.

[45] Takeru Miyato, Toshiki Kataoka, Masanori Koyama, and Yuichi Yoshida. Spectral Normalization for Generative Adversarial Networks. In *International Conference on Learning Representations (ICLR)*, 2018.

[46] Yann LeCun, Léon Bottou, Yoshua Bengio, and Patrick Haffner. Gradient-based Learning Applied to Document Recognition. *Proceedings of the IEEE*, Vol. 86, 1998.

[47] Yanghua Jin, Jiakai Zhang, Minjun Li, Yingtao Tian, and Huachun Zhu. Towards the High-quality Anime Characters Generation with Generative Adversarial Networks. In *Machine Learning for Creativity and Design Workshop at NeurIPS*, 2017.

[48] Jia Deng, Wei Dong, Richard Socher, Li-Jia Li, Kai Li, and Li Fei-Fei. ImageNet: A Large-scale Hierarchical Image Database. In *IEEE/CVF Conference on Computer Vision and Pattern Recognition (CVPR)*, 2009.

[49] Andrew Brock, Jeff Donahue, and Karen Simonyan. Large Scale GAN Training for High Fidelity Natural Image Synthesis. In *International Conference on Learning Representations (ICLR)*, 2019.

[50] Kaiming He, Xiangyu Zhang, Shaoqing Ren, and Jian Sun. Deep Residual Learning for Image Recognition. In *IEEE/CVF Conference on Computer Vision and Pattern Recognition (CVPR)*, 2016.

[51] Ziwei Liu, Ping Luo, Xiaogang Wang, and Xiaoou Tang. Deep Learning Face Attributes in the Wild. *International Conference on Computer Vision (ICCV)*, 2015.

[52] Tero Karras, Timo Aila, Samuli Laine, and Jaakko Lehtinen. Progressive Growing of GANs for Improved Quality, Stability, and Variation. In *International Conference on Learning Representations (ICLR)*, 2018.

[53] Tero Karras, Samuli Laine, Miika Aittala, Janne Hellsten, Jaakko Lehtinen, and Timo Aila. Analyzing and Improving the Image Quality of StyleGAN. In *IEEE/CVF Conference on Computer Vision and Pattern Recognition (CVPR)*, 2020.

[54] Tin Kramberger and Božidar Potočnik. LSUN-Stanford Car Dataset: Enhancing Large-scale Car Image Datasets Using Deep Learning for Usage in GAN Training. *Applied Sciences*, Vol. 10, 2020.

[55] Kimmo Kärkkäinen and Jungseock Joo. FairFace: Face Attribute Dataset for Balanced Race, Gender, and Age for Bias Measurement and Mitigation. In *Winter Conference*

on Applications of Computer Vision (WACV), 2021.

[56] Yuming Jiang, Ziqi Huang, Xingang Pan, Chen C. Loy, and Ziwei Liu. Talk-to-Edit: Fine-Grained Facial Editing via Dialog. In *International Conference on Computer Vision (ICCV)*, 2021.

[57] Bardia Doosti, Shujon Naha, Majid Mirbagheri, and David Crandall. HOPE-Net: A Graph-based Model for Hand-Object Pose Estimation. In *IEEE/CVF Conference on Computer Vision and Pattern Recognition (CVPR)*, 2020.

あおしま たけひろ（大阪大学）
まつばら たかし（大阪大学）

ニュウモン 拡散モデル
画像生成の新たなフロンティアへの招待

■石井雅人　■早川顕生

1　はじめに

本稿のタイトルと筆者の名前を見てデジャヴュを感じた方は，本シリーズ既刊の『コンピュータビジョン最前線 Summer 2023』をお買い上げいただいた方[1]である。前回の記事 [1] では「イマドキノ拡散モデル」と題して，拡散モデルの基礎を踏まえつつも，最新の研究動向を体系的に広く紹介することに主眼を置いた。一方，今回は「ニュウモン 拡散モデル」ということで，ここ最近の爆発的な進展の中で登場した数多くの技術のうち特に広く使われているものを中心に，そのアイデアや技術の詳細を紹介していきたい。

[1] 今回もお買い上げいただき，ありがとうございます。

まず，2 節で最も基本的な拡散モデルを紹介し，次に 3 節でスコアや微分方程式の観点から拡散モデルについて解説する。これらの内容は，拡散モデルを包括的に理解する上で最も重要な理論的基礎であり，どのような応用で拡散モデルを活用する場合でも必ず役に立つだろう。残りの 3 つの節は画像分野での活用に焦点を絞り，4 節ではテキストからの画像生成，5 節では学習済み拡散モデルを活用した画像生成の制御，6 節では動画や 3D への応用を紹介する。DALL·E 2 [2] や Stable Diffusion [3] の登場以降，CV 分野における拡散モデルの活用は飛躍的に増えているが，その中でも特に重要となっている技術を選りすぐって解説する。

2　拡散モデルの基本

本節では，拡散モデルの根底にあるアイデアや，最も基本的なモデルについて解説する。前回の記事 [1] と同じ内容を手短に説明した部分もあるので，より詳しい内容や派生研究について知りたい場合は前回の記事を参照いただきたい。

2.1　拡散モデルのアイデア

拡散モデルは生成モデルの一種である。生成モデルの目的は，与えられた学習データが従っているデータ分布をうまくモデル化し，同じ分布からデータをランダムにサンプリングできるようにすることである。拡散モデルやGANを含む多くの深層学習ベースの生成モデル[2]では，単純な分布からサンプルしたランダムなノイズ[3]をDeep Neural Network（DNN）でうまくデータに変換することで，複雑なデータ分布からのサンプリングを実現する。

[2] 重要な例外が自己回帰型生成モデルである。

[3] 文脈によっては潜在変数とも呼ばれる。

拡散モデルでは，ノイズからデータへの変換を「拡散過程を逆にたどる」ことによって実現している（図1）。拡散過程とは，データに対して小さなノイズを載せる処理を繰り返すことで純粋なノイズまでデータを崩壊させる確率的な過程である。物理現象とのアナロジーで拡散という名前がついており，プールの水面に落とした1滴のインクのように，時間の経過とともに拡散して，最初にどこに落としたかわからなくなっていくようなイメージである。各時刻でインクが広がっていく様子が「データにノイズが載ることでさまざまなノイズ付きデータになっていく」ことに対応しており，プールのどこに落としても最終的にはプール全体に広がってしまうインクのように，拡散過程ではどのようなデータでもすべてのランダムノイズになりうる。

ここでもし，拡散過程を逆に遡ることができれば，どのようなランダムノイズでもすべてのデータが元のデータとして考えられるのだから，原理的にはノイズからどんなデータにも変換できそうである。言い換えると，純粋なノイズから少しずつノイズを取り除く処理を十分に繰り返すことによって，データを作り出せそうである。拡散モデルは，この「少しずつノイズを取り除く」部分を，DNNを用いた機械学習で解決し，ノイズからデータへの変換，すなわちデータの生成を実現する。

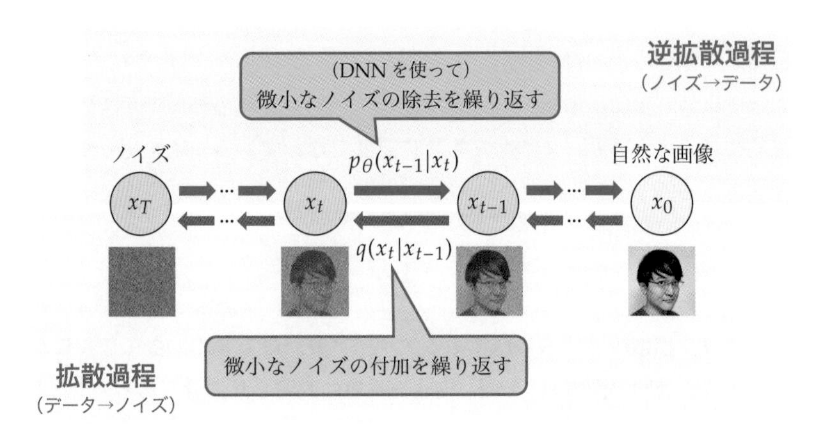

図1　拡散過程によるデータの崩壊と，逆拡散過程によるデータの生成

2.2　DDPM の定式化

本項では，多くの拡散モデルのベースとなっているノイズ除去型拡散確率モデル（denoising diffusion probabilistic model; DDPM）[4] について詳しく解説する。特に，データ生成におけるモデルの役割を明確にするとともに，その学習が非常に単純な形（ノイズ推定の 2 乗誤差最小化）で定式化できることを示す。

拡散過程の定義

拡散過程は，時刻 0 から T へ進むごとにデータにガウシアンノイズが少しずつ付加されていき，時刻 T においてデータ全体がほとんど完全にガウシアンノイズとなるマルコフ過程[4] である。時刻 t のデータを x_t とし，時刻 $t-1$ から時刻 t で行われるノイズの付加を以下のように定義する（図 2 左）[5]。

$$x_t = \sqrt{1-\beta_t}x_{t-1} + \sqrt{\beta_t}\epsilon_t \tag{1}$$

ただし，β_t（$0 < \beta_t < 1$）は時刻 t で付加するノイズの強度を決めるパラメータ，ϵ_t は時刻 t で付加した標準正規分布に従うノイズ（x_0 と同じ次元数）である。ノイズの強度を決める β_t は，（基本的には）事前に人手で設計する必要がある[6]。

1 時刻分のノイズ付加が定義できたので，データ x_0 が与えられたときの x_t の分布を考えてみよう。ノイズ付加の式を繰り返し適用することで以下を得る。

$$\begin{aligned}
x_t &= \sqrt{1-\beta_t}x_{t-1} + \sqrt{\beta_t}\epsilon_t \\
&= \sqrt{1-\beta_t}\left(\sqrt{1-\beta_{t-1}}x_{t-2} + \sqrt{\beta_{t-1}}\epsilon_{t-1}\right) + \sqrt{\beta_t}\epsilon_t \\
&= \sqrt{(1-\beta_t)(1-\beta_{t-1})}x_{t-2} + \sqrt{1-(1-\beta_t)(1-\beta_{t-1})}\epsilon' \qquad (2) \\
&= \cdots = \sqrt{\bar{\alpha}_t}x_0 + \sqrt{1-\bar{\alpha}_t}\bar{\epsilon}_t \qquad (3)
\end{aligned}$$

[4] x_t が x_{t-1} のみに依存して決定する確率過程。

[5] この定義は，$q(x_t|x_{t-1}) = \mathcal{N}(\sqrt{1-\beta_t}x_{t-1}, \beta_t\mathbf{I})$ と同値である。この書き換え（VAE でいうところの reparameterization trick）はよく使うので覚えておくとよい。

[6] たとえば DDPM の論文では，$\beta_1 = 10^{-4}$ から $\beta_T = 0.02$ まで線形に増えるように設定している。ある程度自動的に決める方法 [5] も提案されている。

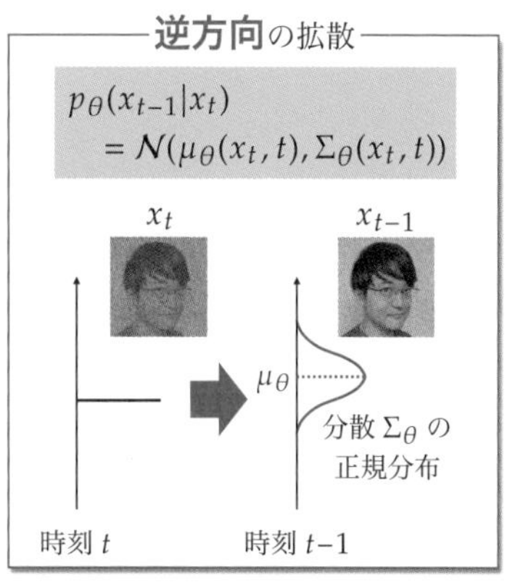

図 2　1 時刻分の拡散と逆拡散

ただし，$\bar{\alpha}_t = \Pi_{i=1}^t \alpha_i$，$\alpha_t = 1 - \beta_t$ で，ϵ' と $\bar{\epsilon}_t$ はいずれも標準正規分布に従うノイズである。式 (2) の変形は，正規分布の再生性による[7]。最終的に得られた式 (3) を見てみると，式 (1) と似たような形で，データとノイズの重み付き和の形になっており，データ信号の強度が $\bar{\alpha}_t$ で決定されている[8]。言い換えると，データ x_0 が与えられたときの x_t の分布は，平均 $\sqrt{\bar{\alpha}_t} x_0$，分散 $(1 - \bar{\alpha}_t)\mathbf{I}$ の正規分布で表現できるので，拡散過程においては特定のデータ x_0 に対応する時刻 t のデータ x_t は容易にサンプリングすることができる。また，時刻 T において $\bar{\alpha}_T$ が十分小さければ，x_T は x_0 に依存せず標準正規分布に従うと見なせる[9]。

[7] $a\epsilon_t + b\epsilon_{t-1}$ は $\mathcal{N}(0, (a^2+b^2)\mathbf{I})$ に従う確率変数となるため，$\sqrt{a^2+b^2}\epsilon'$ と書き直せる。

[8] $\{\bar{\alpha}_t\}$ と $\{\beta_t\}$ は，どちらかを決めればもう片方は自動的に決まる。

[9] これによって，逆拡散過程の最初で x_T を標準正規分布からサンプリングして決めることができる。

逆拡散過程の定式化

次に，拡散過程を逆に遡る逆拡散過程を考えよう。逆拡散過程は，x_T から徐々にノイズが除去され，最終的にデータ x_0 となる過程である。x_t から x_{t-1} を求める 1 時刻分の逆拡散を考えてみると，ランダムなノイズを付加した結果が x_t となるような x_{t-1} は無数に考えられ，確率的な分布をもちそうである（図 2 右）。実は，式 (1) のように十分に小さいガウシアンノイズを付加する拡散過程を定義すると，逆拡散過程のほうも正規分布によって表現できることが知られている [6]。ただし，その平均と分散はわからないので，これをモデルで推定することにしよう。モデルのパラメータを θ とし，モデルが推定した平均と分散をそれぞれ $\mu_\theta(x_t, t)$，$\Sigma_\theta(x_t, t)$ とすると[10]，x_t が与えられたときの x_{t-1} の分布は，以下のように書ける。

$$p_\theta(x_{t-1}|x_t) = \mathcal{N}(\mu_\theta(x_t, t), \Sigma_\theta(x_t, t)) \tag{4}$$

したがって，x_t に対応する μ_θ と Σ_θ さえモデルがうまく推定してくれれば，これを平均・分散とする正規分布からサンプリングを行うことで，容易に x_{t-1} を得ることができる。x_T は完全なノイズになっているので，x_T を標準正規分布からランダムに決めた上で上記の計算を繰り返すことで，x_T から x_0 まで順番にサンプリングすることができ，最終的にデータ x_0 が得られる。

[10] 普通に考えると，時刻によって x_t の分布はまったく異なるので時刻ごとにモデルを用意するのが自然だが，ここではモデルに時刻情報 t も入力することで任意の時刻に対応できるようにモデルを学習させることが可能だと信じることにする。

尤度の最大化に基づく拡散モデルの学習

前項において，拡散モデルの役割は 1 時刻分の逆拡散を表現する正規分布の平均と分散を推定することであるとわかった。では，具体的にどのように学習させればよいだろう？ 2.1 項で述べたように，生成モデルの目標は生成データの分布を学習データの分布に十分近づけることなので，式 (4) を使ったサンプリングを繰り返して得た生成データの分布 $p_\theta(x_0)$ と学習データの分布 $p_{\mathrm{data}}(x_0)$ との相違度を最小化するようにモデルを学習させればよい。分布間の相違度を KL ダイバージェンス $D_{\mathrm{KL}}(p_{\mathrm{data}}||p_\theta)$ で測ることにすると，相違度の最小化は以

下のような負の対数尤度の期待値の最小化に帰着する。

$$\theta^* = \underset{\theta}{\operatorname{argmin}} \mathbb{E}_{x\sim p_{\text{data}}} \left[-\log p_\theta(x) \right] \tag{5}$$

ただし，θ^* は学習後のモデルのパラメータである。したがって，モデルの学習では，学習データにおける負の対数尤度の平均[11] を最小化すればよい。ただし，複雑な分布の対数尤度を直接計算するのは大変そうなので，ここでは負の対数尤度の上界を計算しやすい形で求め，これを代わりに最小化することで，間接的に負の対数尤度を最小化することにしよう。あるデータ x_0 に対応する負の対数尤度の上界 L_{VLB} は，イェンセンの不等式[12] を使うと以下のように求められる。

[11] p_{data} 上の期待値は，学習データを使った平均で近似する。

[12] 以下の上界の導出では，$\log \mathbb{E}_q[V] \geq \mathbb{E}_q \log[V]$ という形で利用する。

$$\begin{aligned}
-\log p_\theta(x_0) &= -\log\left(\int p_\theta(x_{0:T})\mathrm{d}x_{1:T}\right) \\
&= -\log\left(\int q(x_{1:T}|x_0)\frac{p_\theta(x_{0:T})}{q(x_{1:T}|x_0)}\mathrm{d}x_{1:T}\right) \\
&\leq -\int q(x_{1:T}|x_0)\log\frac{p_\theta(x_{0:T})}{q(x_{1:T}|x_0)}\mathrm{d}x_{1:T} \\
&= \mathbb{E}_{x_{1:T}\sim q(x_{1:T}|x_0)}\left[\log\frac{q(x_{1:T}|x_0)}{p_\theta(x_{0:T})}\right] =: L_{\text{VLB}}(x_0|\theta)
\end{aligned} \tag{6}$$

ただし，$x_{i:j} = \{x_t\}_{t=i}^{j}$ と定義した。この上界の導出は変分オートエンコーダ (VAE) [7] で使われるものと非常によく似ているが，1 行目から 2 行目への変形において，VAE ではデータをもとにエンコーダが推定した正規分布を使うのに対し，DDPM では拡散過程で自然に得られる分布 $q(x_{1:T}|x_0)$ を用いる。このため，VAE とは異なり，DDPM ではエンコーダに相当するモデルが不要である。

損失関数の詳細

さて，このままでは上界が計算しやすくなったかどうかがわかりにくいが，拡散過程のマルコフ性 $q(x_{1:T}|x_0) = \prod_{t=1}^{T} q(x_t|x_{t-1})$ とベイズの定理を用いると，L_{VLB} は以下のように時刻ごとの項に分解できる[13]。

[13] この部分の詳しい導出は文献 [4] を参照。

$$\begin{aligned}
L_{\text{VLB}}(x_0|\theta) &= D_{\text{KL}}(q(x_T|x_0)||p_\theta(x_T)) - \mathbb{E}_{x_1\sim q(x_1|x_0)}\left[\log p_\theta(x_0|x_1)\right] \\
&\quad + \sum_{t=2}^{T} \mathbb{E}_{x_t\sim q(x_t|x_0)}\left[D_{\text{KL}}(q(x_{t-1}|x_t, x_0)||p_\theta(x_{t-1}|x_t))\right]
\end{aligned} \tag{7}$$

上式の右辺第 1 項は，無視してよい。なぜなら，時刻 T ではデータはガウシアンノイズになっており，θ に依存しない上にほぼ 0 だからである。第 2 項はいったんおいておき[14]，第 3 項に注目すると，2 つの分布間の KL ダイバージェンスの期待値からなる項になっている。期待値をとる分布 $q(x_t|x_0)$ に関しては，式 (3) によって容易にサンプルを生成できるため，ランダムに生成した x_t を使っ

[14] この項は別途計算可能なのだが，第 3 項の総和をとる範囲を $t=1$ から始めることで代用しても，経験的に問題はない [4]。

てこのKLダイバージェンスさえ算出できれば，第3項はそれを繰り返して平均をとることで容易に計算できる。

ここで，KLダイバージェンスをとる2つの分布のうち，$p_\theta(x_{t-1}|x_t)$ のほうは，式 (4) で示したような正規分布であることがすでにわかっている。もう片方の $q(x_{t-1}|x_t, x_0)$ は，ベイズの定理と拡散過程のマルコフ性を用いた変形により，以下のような正規分布になることがわかる[15]。

[15] 導出の過程は文献 [8] が詳しい。導出の概要は前回の記事 [1] でも紹介した。

$$q(x_{t-1}|x_t, x_0) = \mathcal{N}(\tilde{\mu}_t(x_t, x_0), \tilde{\beta}_t\mathbf{I}) \tag{8}$$

$$\tilde{\mu}_t(x_t, x_0) = \frac{\sqrt{\alpha_t}(1-\bar{\alpha}_{t-1})}{1-\bar{\alpha}_t}x_t + \frac{\sqrt{\bar{\alpha}_{t-1}}\beta_t}{1-\bar{\alpha}_t}x_0 \tag{9}$$

$$\tilde{\beta}_t = \frac{1-\bar{\alpha}_{t-1}}{1-\bar{\alpha}_t}\beta_t \tag{10}$$

したがって，式 (7) 右辺の第3項は正規分布どうしのKLダイバージェンスとなり，これは両者の平均と分散を使って簡単に計算できることが知られている。さらにDDPMでは，事前に決めた σ_t [16] を使って $\Sigma_\theta(x_t, t) = \sigma_t^2\mathbf{I}$ と固定してしまうことで，このKLダイバージェンスを正規分布の平均どうしのユークリッド距離という非常にシンプルな形式に落とし込んでいる。

[16] DDPMでは $\sigma_t^2 = \beta_t$ としている。

$$\begin{aligned} L_t(x_0, x_t|\theta) &:= D_{\mathrm{KL}}(q(x_{t-1}|x_t, x_0)||p_\theta(x_{t-1}|x_t)) \\ &= \frac{1}{2\sigma_t^2}\|\mu_\theta(x_t, t) - \tilde{\mu}_t(x_t, x_0)\|_2^2 + \mathrm{const.} \end{aligned} \tag{11}$$

ここまでの結果をまとめよう。上の式を式 (7) に代入し，その結果を式 (6) に代入し，さらにその結果を使って式 (5) を書き直す[17] と，最終的にDDPMの学習は以下のような最適化問題となる。

[17] 詳しくは文献 [4] を参照。また，先に述べたように，式 (7) 右辺の第2項については，第3項の時刻に対する総和を $t = 1$ から始めることで代用する。

$$\theta^* = \underset{\theta}{\mathrm{argmin}}\, \mathbb{E}_{x_0\sim p_{\mathrm{data}}, t\sim\mathcal{U}[1,T], x_t\sim q(x_t|x_0)} L_t(x_0, x_t|\theta) \tag{12}$$

L_t の定義から，モデルが推定すべき対象は実は $\tilde{\mu}_t$ であって，これを2乗誤差最小化で学習していることがわかる。ここで式 (9) を思い出すと，$\tilde{\mu}_t$ は「x_0 がわかっているときに x_t が与えられた場合の x_{t-1} の分布の平均」であるから，大雑把にいえば，モデルは真のデノイズ結果の平均のような量を推定しようとしており，このためにDDPMには "denoising" というフレーズが含まれている。

損失関数のさらなる単純化

ここまでで，DDPMの学習では，式 (12) に示した最適化問題を解けばよいことがわかった。ところで，モデルが x_t から推定する対象の $\tilde{\mu}_t$ は，式 (9) より x_0 と x_t の重み付き和であるから，x_t が与えられている状況で $\tilde{\mu}_t$ を推定することは，x_0 を推定することと原理的に等価である。さらに，そもそも x_t は式 (3) に示したように x_0 とノイズの重み付き和で作っているので，x_0 の推定は x_t を作るときに使ったノイズ ϵ の推定と原理的に等価である。そこで，ここではモデルの推定対象を $\tilde{\mu}_t$ から ϵ に変えて，ϵ_θ の学習として式 (12) を書き換えてみよう[18]。式 (9) と式 (3) を使って書き換える際に，L_t の中の 2 乗誤差の前についている係数が $1/2\sigma_t^2$ より少し複雑になってしまうが，これを大胆に全部無視する[19] と，以下の非常にシンプルな損失関数が得られる。

$$\theta^* = \operatorname*{argmin}_{\theta} \mathbb{E}_{x_0 \sim p_{\mathrm{data}}, t \sim \mathcal{U}[1,T], \epsilon \sim \mathcal{N}(0,\mathbf{I})} L_{\mathrm{simple}}(x_0, \epsilon, t|\theta) \tag{13}$$

$$L_{\mathrm{simple}}(x_0, \epsilon, t|\theta) = \|\epsilon_\theta(\sqrt{\bar{\alpha}}x_0 + \sqrt{1-\bar{\alpha}}\epsilon, t) - \epsilon\|_2^2 \tag{14}$$

18) DDPM では ϵ を推定するモデルが使われているが，原理的にはどれを推定対象に選んでもよく，後続の研究では x_0 のほうを推定したり [9]，それらの適当な線形和を推定したり [9, 10] する例がある。

19) これによって厳密には負の対数尤度の最小化ではなくなってしまうが，損失に対して時刻ごとの重み付けを導入していると見なすこともできる。

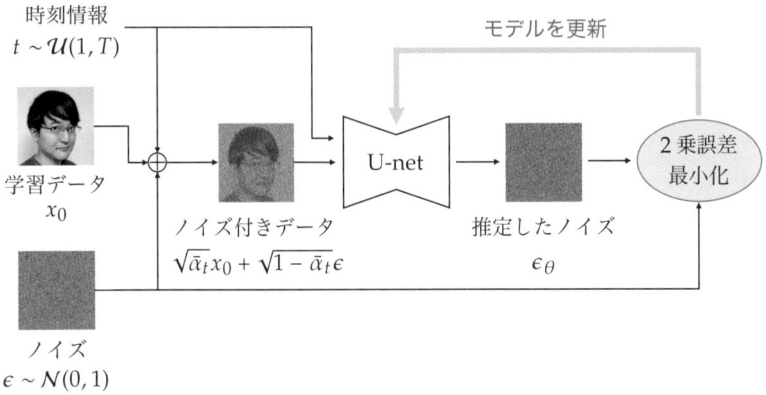

上の式に示した学習のフローは非常に単純で，図 3 に示すように「ランダムに決めたノイズを，ランダムに決めた時刻に応じた強さでデータに付加したものを入力として，元のノイズを推定するモデル」を 2 乗誤差最小化で学習している。一見，素朴なデノイズ処理の学習に見えるが，ここまで見てきたように，生成モデルの学習から導出されるという点が，拡散モデルの非常におもしろい理論的側面の 1 つである。

図 3　DDPM におけるモデルの学習方法の概要

逆拡散過程に基づくデータの生成

拡散モデルの学習が定式化できたので，今度はデータの生成について考えよう。基本的には，式 (4) を使って，適当な初期値 x_T から x_0 まで順番にサンプルすることでデータを生成できる。先に述べたように Σ_θ は固定しており，DDPM の論文では単純に順方向と同じ $\beta_t\mathbf{I}$ を使っている。一方で，μ_θ は，学習の定式化の途中でモデルの推定対象を μ から ϵ に変えてしまったので，ϵ_θ から μ_θ を計算する必要がある。まず，x_t に載っているノイズがモデルにより推定できると，式 (3) を使って x_0 の推定値 $\hat{x}_0$ を計算できる。

$$\hat{x}_0 = \frac{1}{\sqrt{\bar{\alpha}_t}}\left(x_t - \sqrt{1-\bar{\alpha}_t}\epsilon_\theta(x_t, t)\right) \tag{15}$$

次に，μ_θ は $\tilde{\mu}_t$ を推定するモデルとして定式化できたことを思い出すと，式 (9) で x_0 の代わりに $\hat{x}_0$ を使って，μ_θ は以下のように求めることができる。

$$\mu_\theta(x_t, t) = \frac{1}{\sqrt{1-\beta_t}}\left(x_t - \frac{\beta_t}{\sqrt{1-\bar{\alpha}_t}}\epsilon_\theta(x_t, t)\right) \tag{16}$$

これで，式 (4) の正規分布の平均と分散がわかったので，この正規分布からサンプリングを行うことで，1 時刻分の逆拡散を実現できる。あとは，標準正規分布からサンプリングして決めた x_T に対して，この処理を時刻 T から 1 まで繰り返すことで，データ x_0 を生成できる。

モデルのアーキテクチャ

画像分野で具体的に ϵ_θ の推定に使うモデルには，DDPM で使われたアーキテクチャにいくつかの改良が施された Ablated Diffusion Model（ADM）[11]（図 4）か，その派生モデルがよく使われている。具体的には，PixelCNN++ [12] のバックボーンで使われていた U-net [13] をベースにして，グループ正規化（group normalization; GN）[14] と自己注意機構 [15] を導入したアーキテクチャとなっている。U-net の中のある層で抽出されている特徴量のサイズを $H \times W \times C$ とすると，このモデルにおける自己注意機構は，C 次元のトークンが $H \times W$ 個あると見なして注意を計算することで，畳み込み層では表現できない非局所的な情報の統合を実現している。

拡散モデル特有の点として，時刻情報 t もモデルに入力する必要があるが，t はまず sin 関数を使った埋め込み [15][20] でスカラーから特徴ベクトルに変換され，適応的グループ正規化（adaptive group normalization; AdaGN）を使って U-net 中の各ブロックに入力される。AdaGN では，AdaIN [16] や FiLM [17] で行われているような特徴量のスケーリングとシフトをチャンネルごとに行う処理を，GN のあとで行う。正規化前の特徴量を h とすると，具体的には以下のような処理となる。

$$\mathrm{AdaGN}(h, t) = s_t \cdot \mathrm{GN}(h) + b_t, \quad [s_t, b_t] = \mathrm{Affine}(\mathrm{emb}(t)) \tag{17}$$

ただし，s_t と b_t は h のチャンネル数と同じ次元数のベクトルであり，s_t の掛け算と b_t の足し算はチャンネル方向以外にはブロードキャストされている。

[20] Transformer の位置エンコーディングで用いられているものと同じ。

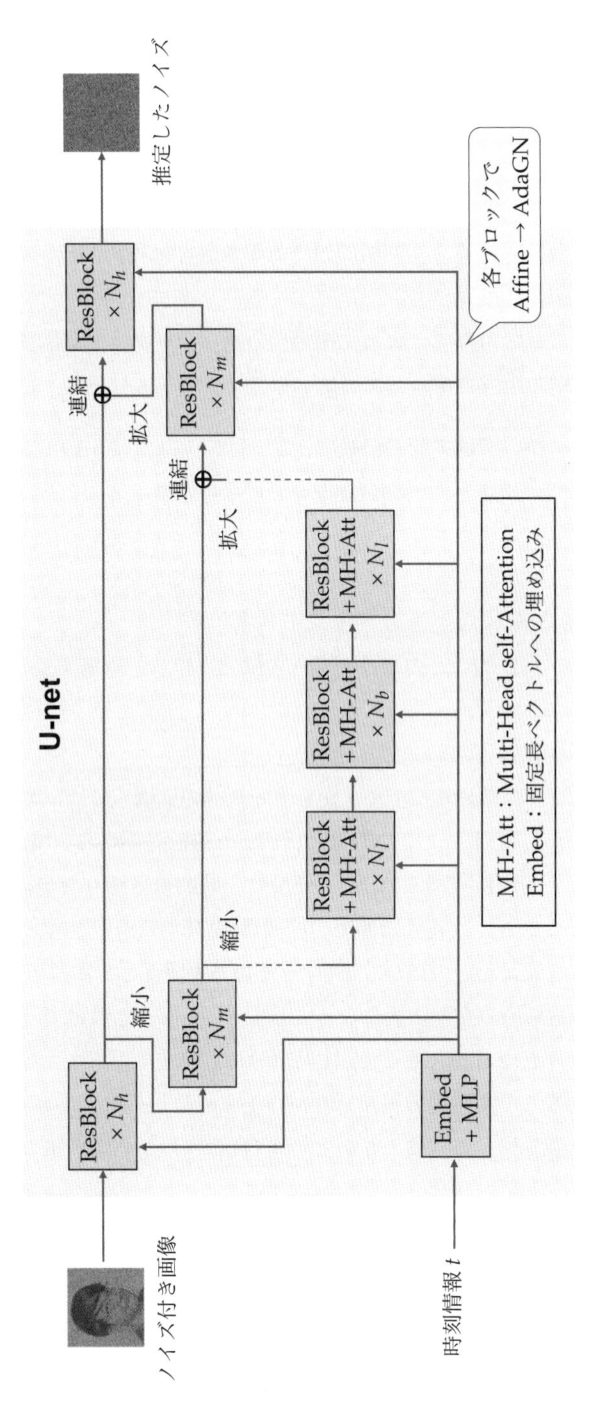

図 4　ADM のモデルアーキテクチャ

3　スコアと微分方程式の視点から見た拡散モデル

本節では，拡散モデルによるデータの生成と微分方程式の関係について説明する。具体的には，前節で示した逆拡散過程に基づくデータの生成が，係数にスコアと呼ばれる量が登場する特定の微分方程式の初期値問題[21]に相当することを示す。この関係は非常に重要で，拡散モデルの研究や活用において以下のようなメリットがある。

[21] ある時刻の変数の値と，その変数が従っている微分方程式が与えられたときに，別の時刻の変数の値を求める問題。

- 微分方程式の初期値問題に対する既存の技術が活用可能になり，特に高速化に役立つ
- スコアの合成によって拡張性の高いデータ生成の制御を実現できる
- 別の生成モデル（スコアベース生成モデル）と統一的に扱える

1つ目については本節の最後で，2つ目については5.1項で詳しく解説する。3つ目については紙面の都合で取り上げないため，気になる方は文献[18]を参照するとよい。

3.1　拡散モデルと微分方程式の関係

では，具体的にどのような形式の微分方程式が登場するのかを見ていこう。

拡散過程に対応する微分方程式

まずは，拡散過程（データからノイズへの崩壊）について考える。前節では，時刻0から時刻TまでのT個に区切った離散時間において，データがノイズへと崩壊していた（図5 (a)）。ここでは，時間の区切りを無限に細かくした極限を考えることで，連続時間での拡散過程（図5 (b)）を考えてみよう。$T \to \infty$の極限を考えたいのだが，式(1)をそのまま使うことには2つ問題がある。1つは崩壊後の時刻が無限大になってしまう点，もう1つはβ_tが無限に小さくなってしまう点である。そこで，1時刻分の遷移をtから$t + \Delta t$（$\Delta t = 1/T$）と書き換えることで時刻の範囲を0から1までに正規化し，さらにβ_tを$\beta(t)\Delta t$と定義し直す[22]。書き換えたあとの式(1)は，以下のようになる[23]。

[22] これに起因して，離散時間の拡散モデルと連続時間の拡散モデルとでは，βのスケールが大きく異なることに注意。

[23] これからは連続時間を考えたいので，下付き文字でインデックスとして扱っていた時刻tを，関数の入力のような形に書き換えている。

$$x(t + \Delta t) = \sqrt{1 - \beta(t + \Delta t)\Delta t}\, x(t) + \sqrt{\beta(t + \Delta t)\Delta t}\, \epsilon(t) \tag{18}$$

ここで，Δtは非常に小さいため，$\Delta t = 0$周りのテイラー展開による1次近似と$\beta(t + \Delta t) \approx \beta(t)$を使って上式の右辺を近似すると，以下を得る。

$$x(t + \Delta t) \approx x(t) - \frac{1}{2}\beta(t)\Delta t\, x(t) + \sqrt{\beta(t)\Delta t}\, \epsilon(t) \tag{19}$$

最後に，右辺の第1項を左辺にもってきて$\Delta t \to 0$の極限をとると，以下の確率微分方程式（stochastic differential equation; SDE）が得られる。

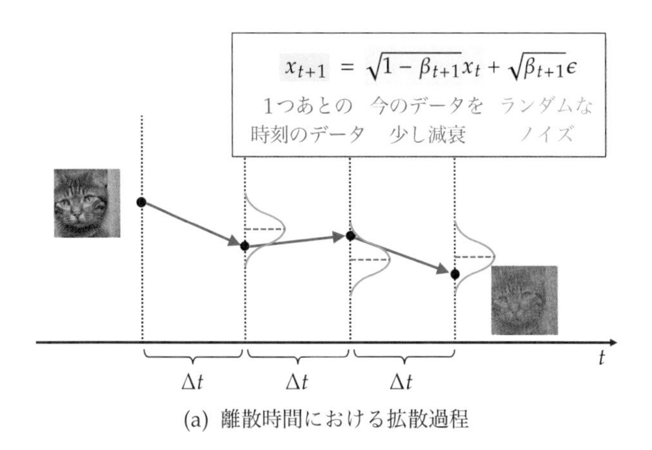

(a) 離散時間における拡散過程

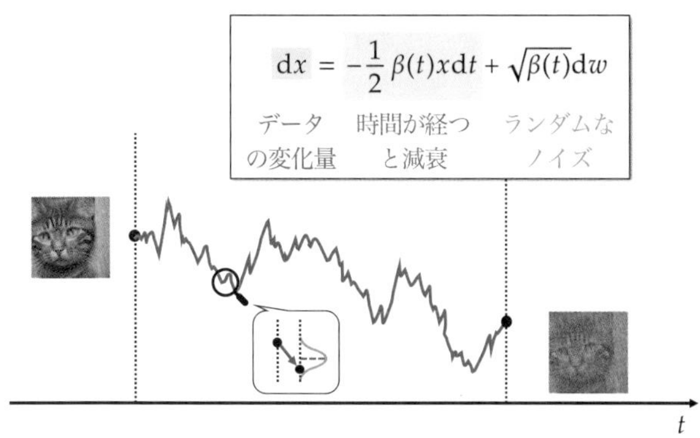

(b) 連続時間における拡散過程

図 5 拡散過程の連続時間への拡張

$$\mathrm{d}x = -\frac{1}{2}\beta(t)x\mathrm{d}t + \sqrt{\beta(t)}\mathrm{d}w \tag{20}$$

ただし，w は標準ウィーナー過程[24] である。

式 (20) の微分方程式は，拡散過程におけるデータ x の変化を表現しており，右辺の第 1 項は時間の経過による x の減衰，第 2 項は確率的なノイズの付加による変動に相当する。したがって，与えられたデータの崩壊先であるノイズをサンプリングするためには，与えられた x_0 が式 (20) に従って変動したときに時刻 1 においてどのような値になるかを計算する必要がある[25]。このような，データが従う微分方程式と任意の時刻のデータが与えられたときに別の時刻のデータの値を求める計算は，「微分方程式の初期値問題」と呼ばれる。つまり，連続時間における拡散過程において x_0 から x_1 を求める問題は，式 (20) に示した SDE の初期値問題に相当する。初期値問題の具体的な解き方については，本節の最後のほうで述べる。

[24] 連続な空間におけるランダムウォークのような概念。$\mathrm{d}w$ は微小な時刻間隔 τ において，平均 0，分散 τ の正規分布と見なせる。

[25] 単純にいえば，式 (20) を時刻 0 から 1 まで積分して x_0 に足せばよい（ただし，SDE に対する特殊な積分が必要になる）。

一般の拡散過程に対応する微分方程式

式 (20) の導出は DDPM で用いられている拡散過程に基づいて行ったが，実はより一般的な拡散過程を考えた場合でも，連続時間の拡散過程に対応する SDE を導出することができる。ここでは特に，以下を満たす拡散過程を考える。

$$q(x_t|x_0) = \mathcal{N}(a(t)x_0, b(t)^2\mathbf{I}) \tag{21}$$

ただし，$a(t)$ と $b(t)$ は拡散過程を決めるパラメータで，$a(t) = \sqrt{\bar{\alpha}_t}$, $b(t) = \sqrt{1-\bar{\alpha}_t}$ とすれば，DDPM の場合に対応する[26)]。このとき，連続時間の拡散過程に対応する SDE は，以下のように得られる [18]。

$$\mathrm{d}x = f(t)x\mathrm{d}t + g(t)\mathrm{d}w \tag{22}$$

ただし，

$$f(t) = \frac{\mathrm{d}\log a(t)}{\mathrm{d}t}, \quad g(t)^2 = \frac{\mathrm{d}b(t)^2}{\mathrm{d}t} - 2\frac{\mathrm{d}\log a(t)}{\mathrm{d}t}b(t)^2 \tag{23}$$

である。SDE の各項の係数である $f(t)$ と $g(t)$ が $a(t)$ と $b(t)$ によって決まることから[27)]，拡散過程におけるノイズ付加（たとえば式 (1)）を定義することは，解くべき SDE の各項の係数を決めることに相当することがわかる。

26) 余談だが，スコアベース生成モデルでは，一般的に $a(t)=1$ を用いることが多く，分散爆発型（variance exploding）の過程と呼ばれる。これに対して，DDPM で使われる拡散過程は分散保存型（variance preserving）と呼ばれる。式 (21) は両方の過程を特殊形として含む一般的な定義となっている。

27) DDPM の場合の $a(t)$ と $b(t)$ を使うと，$f(t) = -\frac{1}{2}\beta(t)$, $g(t) = \sqrt{\beta(t)}$ となり，式 (20) と一致する。

逆拡散過程に対応する微分方程式

次は，いよいよ逆拡散過程（データの生成）について考える。離散時間の逆拡散過程では，式 (4) に示したように，モデルが推定した正規分布からのサンプリングを繰り返すことで，ノイズをデータに変換することができた。前節で示したように，正規分布からのサンプリングを繰り返す順方向の拡散過程が連続時間において SDE の初期値問題に相当するのだから，似たような処理を行う逆拡散過程も，連続時間において何らかの SDE の初期値問題に相当しそうである。これはまさしくそのとおりで，式 (21) に示した拡散過程に対応する逆拡散過程は，連続時間において以下の SDE に対応することがわかっている [19]。

$$\mathrm{d}x = \left[f(t)x - g(t)^2\nabla_x \log q_t(x)\right]\mathrm{d}t + g(t)\mathrm{d}\bar{w} \tag{24}$$

ただし，$q_t(x)$ は時刻 t におけるデータの分布，$\bar{w}$ は時間を遡る方向の標準ウィーナー過程である。連続時間において逆拡散過程に基づくデータの生成は，時刻 1 におけるノイズが上式に従って変動したときに時刻 0 においてどのような値になるかを計算すること，つまり，上式に示した SDE の初期値問題に相当する。

式 (24) の右辺には，$\nabla_x \log q_t(x)$ という量が登場しており，初期値問題を解く際には，データの変動分を計算するためにこの量を推定する必要がある。このような対数尤度の勾配は，機械学習の文脈[28] では一般にスコアと呼ばれる。スコアは前節の拡散モデルの説明ではまったく登場していない量であり，その推定は難しそうに見えるが，実は学習済みの拡散モデルを使って容易に推定することができる（理由は後述)。具体的には，スコア $\nabla_x \log q_t(x)$ は，学習済みのモデル $\epsilon_\theta(x_t, t)$ を使って以下のように推定できる。

$$\nabla_x \log q_t(x) \approx -\frac{\epsilon_\theta(x,t)}{b(t)} \tag{25}$$

[28] 統計学の文脈では，同名で別の概念が存在するので注意。

したがって，学習済みの拡散モデルがあれば，式 (24) の右辺を計算でき，初期値問題を解くことによってデータを生成することが可能となる。

図 6 は，ここまでの話をまとめたものであり，拡散モデルによるデータ生成が微分方程式の初期値問題としてきれいに解釈できることがわかる。

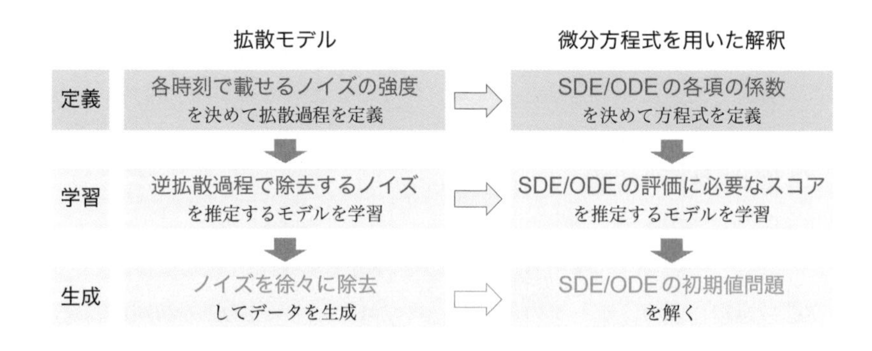

図 6　拡散モデルを微分方程式で表現した際の解釈

3.2　なぜ学習済み拡散モデルでスコアを推定できるのか？

式 (25) に示した学習済み拡散モデルとスコアの関係は，一見とても不思議である。ここでは，なぜこのような関係が成り立つのかについて簡単に説明しよう。具体的には，スコアの推定を学習するための損失が，拡散モデルを学習させた際の損失と一致することを示し，学習済みの拡散モデルを「スコア推定を学習したモデル」と見なしてもよいことを示す。

時刻 t でのスコア $\nabla_x \log q_t(x)$ を推定するモデル $s_\theta(x)$ の学習は，損失として 2 乗誤差を採用すると，以下のように書ける。

$$\underset{\theta}{\operatorname{argmin}}\, \mathbb{E}_{q_t(x)}\left[\|s_\theta(x) - \nabla_x \log q_t(x)\|^2\right] \tag{26}$$

ここで，上式による学習は，デノイジングスコアマッチングと呼ばれる以下の学習に書き換えられることが知られている[29]。

[29] 文献 [20] の付録に詳しい導出がある。

$$\underset{\theta}{\operatorname{argmin}}\,\mathbb{E}_{q(x_t,x_0)}\left[\|s_\theta(x_t)-\nabla_{x_t}\log q(x_t|x_0)\|^2\right] \tag{27}$$

この書き換えによってスコアの部分が x_0 による条件付きに変わっているが，式 (21) を用いると，以下のように書き換えられる。

$$\begin{aligned}\nabla_{x_t}\log q(x_t|x_0) &= \nabla_{x_t}\left[-\frac{(x_t-a(t)x_0)^2}{2b(t)^2}+\text{const.}\right]\\ &= -\frac{x_t-a(t)x_0}{b(t)^2} = -\frac{\epsilon}{b(t)}\end{aligned} \tag{28}$$

ただし，最後の等号では x_t から ϵ への変数変換を行った。上式を元の式 (27) に代入して整理すると，以下を得る。

$$\underset{\theta}{\operatorname{argmin}}\,\mathbb{E}_{x_0\sim q(x_0),\epsilon\sim\mathcal{N}(0,\mathbf{I})}\left[\frac{1}{b(t)^2}\|-b(t)s_\theta(a(t)x_0+b(t)\epsilon)-\epsilon\|^2\right] \tag{29}$$

上式の学習における損失は，$-b(t)s_\theta(x_t)$ によるノイズ推定の 2 乗誤差となっている。したがって，式 (26) に基づくスコア推定の学習は，拡散モデルの学習（式 (13)）と（損失の定数倍を除いて）一致しており，学習済みの拡散モデルをスコア推定のために学習させたモデルと見なしてよいことがわかる[30)]。また，$-b(t)s_\theta(x)$ がノイズの推定に相当することから，式 (25) によって学習済み拡散モデルによるスコア推定が行えることがわかる。

30) 特定の時刻だけを見ると損失に定数倍の差しかないので，両者はまったく同じ学習と見なせる。一方，全時刻にわたった学習として見ると，「定数倍」の部分が時刻によって異なるので，厳密にまったく同じ学習になるわけではないことに注意。

3.3 逆拡散過程に対応するもう 1 つの微分方程式

逆拡散過程に基づくデータの生成が，式 (24) に示した SDE の初期値問題に対応することがわかったが，実はもう 1 つ対応する微分方程式の初期値問題が存在する [18]。こちらは常微分方程式（ordinary differential equation; ODE）であり，確率フロー ODE（probability flow ODE）と呼ばれることが多い。具体的には，以下のような微分方程式である。

$$\mathrm{d}x = \left[f(t)x - \frac{1}{2}g(t)^2\nabla_x\log q_t(x)\right]\mathrm{d}t \tag{30}$$

式 (24) に示した SDE と比べると，右辺第 2 項にあった確率的な項が ODE には存在せず，データの変動量が決定的に決まることがわかる。

連続時間の逆拡散過程に基づくデータ生成を考えたとき，式 (24) に示した SDE と式 (30) に示した ODE のどちらの初期値問題を解いてもよい。この「どちらを解いてもよい」という意味を明らかにしておこう。適当なノイズ x_1 が与えられたときの初期値問題を解いてみると，SDE の場合は確率的に x_0 の値が変わりうるが，ODE の場合は常に同じ x_0 の値が得られる。したがって，特定の初期値（ノイズ）に注目したときには，そのノイズから生成されるデータは異なるはずで，その意味で両者は同じではない。一方，標準正規分布からサン

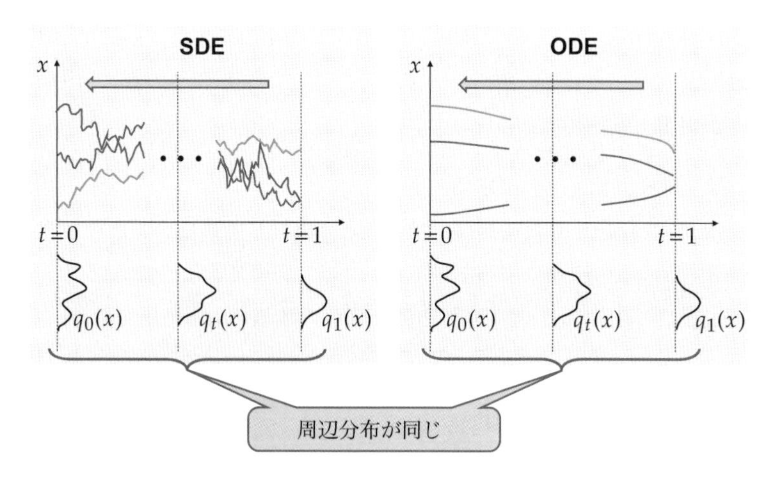

図 7　SDE と確率フロー ODE による逆拡散過程の表現の比較

プリングした無数の x_1 に対して初期値問題を解くことを考えると，得られる無数の x_0 が従う分布は，SDE の場合と ODE の場合で一致すること（図 7）[31] を示すことができる [18]。つまり，多くの画像を生成した場合に得られる画像群が従っている分布は，（理想的には）同じになる。本稿の最初のほうでも述べたように，生成モデルの目的は $q(x_0)$ からのサンプリングであるから，生成モデルの意味では両者のどちらを解いても同じなのである。

[31] 厳密には，時刻 0 だけではなく，すべての時刻において一致する。

3.4　数値解法を活用したデータ生成手法

拡散モデルによるデータの生成が SDE/ODE の初期値問題に相当することがわかったので，微分方程式の解法を活用したデータ生成について紹介する。微分方程式の数値的な解法は古くから提案されているが，その多くは「時刻がちょっとだけ変化したときの変数の値を計算」することを繰り返して，求めたい時刻の変数の値を計算する。本稿の拡散モデルの例でいうと，基本的な流れは以下のようになる。

Step 1　時刻 0 から 1 を事前に離散化しておく：$0 = \tau_0 < \tau_1 < \cdots < \tau_T = 1$

Step 2　時刻 1 からスタートし，現在の時刻のデータ $x(\tau_i)$ をもとに，1 つ前の時刻 τ_{i-1} までのデータの変動量を微分方程式に基づいて計算し，$x(\tau_{i-1})$ を算出する

Step 3　時刻 0 のデータ $x(0)$ が求まるまで Step 2 を繰り返す

前節で導出した（離散時間の）逆拡散過程に基づくデータの生成処理と比較すると，「時刻を少しずつ遡ることでデータを生成する」という点では似通った処理になっており，実際，SDE のほうに古典的な解法[32] を適用すると，同じ処

[32] オイラー・丸山法

理手順が得られる。つまり，数値解法を活用した生成処理は，前節で導出した生成処理よりも一般的な方法になっており，特に以下の 3 つの点に自由度があることが実用上は重要である。

- 解く対象が SDE か ODE かを選べる
- Step 1 で離散化した時刻は，学習のときと同じである必要はなく[33]，（利用する解法の種類によっては）t に対して均等である必要もない
- Step 2 における $x(\tau_{i-1})$ の算出に，既存の数値解法を活用できる

[33] そもそも連続時間の拡散過程を考える場合には，学習時の時刻は連続な時間における一様分布 $\mathcal{U}(0,1)$ からサンプリングすればよいので，学習時と生成時で異なるのは当たり前である。

ここでは，数値解法を活用したデータ生成手法において，これらの点がどのように設定されているかを簡単に見ていこう。

解くべきは SDE か ODE か

現状では，ODE を解く場合が圧倒的に多い。これは，ODE を解くほうが，離散化した時刻の数が少ないとき（つまり高速に生成を行ったとき）の生成画像の品質が良いためである[34]。一方で，生成画像の多様性が失われやすいという欠点が知られているため，解法の途中でうまく確率的な要素を取り入れて品質を向上させる方法が提案されている。具体的には，スコアが推定できることを利用して同じ時刻のデータをランジュバン動力学でサンプリングし直したり [18]，ランダムなノイズを載せて少し前の時刻に戻したりする方法 [10] がある。

[34] この性質は経験的に知られていたが [21]，最近では理論的に示した研究 [22] も見られる。

時刻の離散化方法

最も単純には，時刻 0 から 1 までを均等に離散化して用いることができるが，このような離散化が必須というわけではない。そもそも，ノイズを推定したいモデルにとっては，時刻自体よりも各時刻で付加されているノイズの強度のほうが本質的に重要な情報であるため，そちらの情報をベースに離散化を行うことが多い。たとえば，ノイズのスケールを $1/\rho$ 乗したもの（$\rho > 1$）[23, 10] や，データとノイズのスケール比の対数（いわゆる SN 比）をとったもの [24] に対して均等になるように離散化する例がある。

数値解法の活用方法

既存の数値解法は主に Step 2 の計算で活用することができる。ここでは先に述べた理由で ODE を解く場合に注目し，画像生成の分野でよく使われる 3 つの代表的な方法（DDIM [21]，PNDM [25]，DPM-solver [24]）を紹介しよう。

DDIM　まず，DDPM として学習された拡散モデルがあれば，式 (25) と式 (30) から，任意の時刻においてデータの時間に対する勾配を以下のように計算

できる[35]。

$$\frac{\mathrm{d}x}{\mathrm{d}t} = -\frac{1}{2}\beta(t)x + \frac{\beta(t)}{2\sqrt{1-\bar{\alpha}(t)}}\epsilon_\theta(x,t) \tag{31}$$

さらに，各時刻におけるデータとノイズのスケール比を表す $\gamma(t) = \sqrt{\frac{1-\bar{\alpha}(t)}{\bar{\alpha}(t)}}$ を定義し，t から γ への変数変換を行うと，上式は以下のように単純化できる[36]。

$$\frac{\mathrm{d}\bar{x}(t)}{\mathrm{d}\gamma(t)} = \epsilon_\theta\left(\frac{\bar{x}(t)}{\sqrt{1+\gamma(t)^2}}, t\right) \tag{32}$$

ただし，$\bar{x}(t) = x(t)\sqrt{1+\gamma(t)^2}$ である。上式を使って，$\gamma(\tau_i)$ から $\gamma(\tau_{i-1})$ までの $\bar{x}$ の変動量を 1 次で近似すると，Step 2 における計算は以下のようになる。

$$\begin{aligned}\bar{x}(\tau_{i-1}) &= \bar{x}(\tau_i) + \left(\gamma(\tau_{i-1}) - \gamma(\tau_i)\right)\left.\frac{\mathrm{d}\bar{x}}{\mathrm{d}\gamma}\right|_{t=\tau_i} \\ &= \bar{x}(\tau_i) - \left(\gamma(\tau_i) - \gamma(\tau_{i-1})\right)\epsilon_\theta\left(\frac{\bar{x}(\tau_i)}{\sqrt{1+\gamma(\tau_i)^2}}, \tau_i\right)\end{aligned} \tag{33}$$

$\bar{x}(t)$ と $\gamma(t)$ の定義より，上式を $x(t)$ と $\alpha(t)$ を使った式に書き換えると，

$$\begin{aligned}x(\tau_{i-1}) &= \sqrt{\frac{\bar{\alpha}(\tau_{i-1})}{\bar{\alpha}(\tau_i)}}x(\tau_i) \\ &\quad - \sqrt{\bar{\alpha}(\tau_{i-1})}\left(\sqrt{\frac{1-\bar{\alpha}(\tau_i)}{\bar{\alpha}(\tau_i)}} - \sqrt{\frac{1-\bar{\alpha}(\tau_{i-1})}{\bar{\alpha}(\tau_{i-1})}}\right)\epsilon_\theta\left(x(\tau_i), \tau_i\right)\end{aligned} \tag{34}$$

を得る。右辺において，$x(\tau_i)$ は現時刻のデータ，$\bar{\alpha}$ はハイパーパラメータであるため，ϵ_θ を計算すれば，次の時刻のデータ $x(\tau_{i-1})$ が得られることがわかる。式 (34) を Step 2 の計算に用いてデータを生成する手法は，DDIM [21] と呼ばれ[37]，決定的にデータを生成する代表的な手法として広く用いられている。

PNDM　DDIM の導出では，データの変動量を 1 次で近似した。つまり，今考える時刻区間内において式 (32) の右辺が一定と近似して，データの変動量を算出した。この近似は，数値解法の文脈ではオイラー法という最も基本的な方法として知られており，さらに高次の近似を行うためにさまざまな方法が提案されている。このような高次の近似方法を使って ϵ を推定し[38]，式 (34) を用いた計算に用いるのが PNDM [25] である。特によく用いられる実装では，4 次のアダムスバッシュフォース法を用いて，時刻 τ_i における推定ノイズを以下のように補正する。

$$\tilde{\epsilon}_\theta^{(\tau_i)} = \frac{1}{24}\left(55\epsilon_\theta^{(\tau_i)} - 59\epsilon_\theta^{(\tau_{i+1})} + 37\epsilon_\theta^{(\tau_{i+2})} - 9\epsilon_\theta^{(\tau_{i+3})}\right) \tag{35}$$

35) ただし，注釈 27) で述べた関係を使った。

36) この導出は，文献 [26] か文献 [23] の付録 A を参照。この変数変換を行ったあとの ODE を，確率フロー ODE と区別して DDIM ODE と呼ぶこともある。

37) DDIM を提案した論文 [21] を見ると，まったく異なる文脈（前回の記事ではこちらで説明した）からこの方法を導出しているが，SDE/ODE による拡散モデルの解釈が広まった現在では「確率フロー ODE に対して変数変換を行ってからオイラー法を適用したデータ生成手法」として扱われることも多い。

38) PNDM では $x(\tau_{i-1})$ の算出方法自体は DDIM を踏襲し，その中で使われるノイズ推定量のみに高次の近似を用いているため，擬数値解法（PN は Pseudo Numerical method の意）という名前がついている。

ただし，$\epsilon_\theta^{(\tau)}$ と $\tilde{\epsilon}_\theta^{(\tau)}$ はそれぞれ，時刻 τ においてモデルが推定したノイズと，補正後の推定ノイズである。直感的には，以前の複数時刻におけるノイズの推定結果を見比べることでノイズの高次の変動量が推定できるので[39]，これを利用してうまく補正を行っている。

[39] 最初の数回の推定では，参照できる過去の推定結果が足りないため，低次の近似を代わりに用いる必要がある。

DPM-solver　もとの ODE（式 (31)）の右辺は，x に対して線形な項と，ϵ_θ を含む非線形な項の 2 つからなっている。実はこのタイプの ODE に対しては，定数変化法と呼ばれる解法が知られている[40]。これを使うと，$x(\tau_i)$ が与えられたときの $x(\tau_{i-1})$ の解は，時刻 τ_i から τ_{i-1} までの積分を実行することで，以下のように厳密に計算できる。

[40] DDIM ODE（式 (32)）では変数変換によって前者の項を消去して単純化していた。

$$x(\tau_{i-1}) = \frac{\sqrt{\bar{\alpha}(\tau_{i-1})}}{\sqrt{\bar{\alpha}(\tau_i)}}x(\tau_i) - \sqrt{\bar{\alpha}(\tau_{i-1})}\int_{\lambda(\tau_i)}^{\lambda(\tau_{i-1})} e^{-\lambda}\epsilon_\theta(x(t(\lambda)), t(\lambda))\mathrm{d}\lambda \tag{36}$$

ただし，時刻から λ への変数変換を行っており，$\lambda(t) = \log\sqrt{\frac{\bar{\alpha}(t)}{1-\bar{\alpha}(t)}}$ である[41]。得られた解をよく見ると，厳密な計算が難しいのは右辺の第 2 項のみということがわかる。そこで，この積分にのみ近似を使おうというのがここでの基本的なアイデアであり，この区間での ϵ_θ の変化を $n-1$ 次の多項式で近似したときの方法が DPM-solver-n である [24]。たとえば $n=1$ の場合は，時刻 τ_i で推定したノイズを ϵ_θ のところで定数として利用し，積分を実行する[42]。一方，$n=2$ の場合は，中間地点 $\lambda_h = (\lambda(\tau_i)+\lambda(\tau_{i-1}))/2$ までの積分をいったん $n=1$ で行うことで $x(\lambda_h)$ を計算し，この時刻でのノイズを推定して τ_i での推定結果と比較することで ϵ_θ の変化の傾き（＝ 1 次近似）を求めてから積分を行う。このように，$n-1$ 次の変化を調べるために n 回のノイズ推定が必要となるため，DPM-solver-n では Step 2 を 1 回実行するごとにモデルによる推定が n 回行われ，n に応じて計算コストが高くなっていくことに注意が必要である[43]。

[41] λ は各時刻での SN 比（厳密にはその半分）に対応している。

[42] この結果，DDIM とまったく同じ計算式が得られる。

[43] 実用上，$n=2$ か $n=3$ が使われることが多い。

数値解法を活用したデータ生成の結果例

上で紹介した数値解法を活用したデータ生成手法を用いる効果を知るために，実際に生成した例を示そう。“a photo of golden retriever” というテキストから，Stable Diffusion を用いて，乱数シードを固定して時刻数 200[44] で生成した画像を図 8 (a)，時刻数 16 で生成した画像を図 8 (b) に示す。それぞれ，左上が DDPM，右上が DDIM，左下が PNDM，右下が DPM-solver-2 を用いた結果である。

[44] 便宜上，単に時刻数と書いたが，正確にはモデルがノイズの推定を行う時刻の数である。DPM-solver 以外は単に最初に離散化した時刻の数に一致するが，DPM-solver では異なる（前述）。

まず，図 8 (a) を見ると，DDPM 以外の生成手法では非常に類似した結果が得られていることがわかる。これは，シードが固定されており，同じ初期値（ノイズ）から同じ ODE を解くことになっているため，200 という多めの時刻数

(a) 時刻数 200

(b) 時刻数 16

図 8　数値解法を活用したデータ生成結果。生成時に評価する時刻数を 200 (a) と 16 (b) に設定した場合の結果を記載している。各図において，左上が DDPM，右上が DDIM，左下が PNDM，右下が DPM-solver-2 を利用した結果。

を用いた場合では，どのような数値解法を用いても 1 つの解に正確にたどり着いているためである。一方，時刻数を 16 に減らした結果（図 8 (b)）を見ると，PNDM と DPM-solver では（背景にやや変化があるものの）ほとんど劣化のない結果が得られているのに対し，DDIM ではわずかに劣化した異なる結果が得られ，DDPM では画像ぼけによってさらに劣化した異なる結果が得られていることがわかる。これは，PNDM と DPM-solver は高次の近似を用いた方法となっており，DDPM や DDIM よりも正確に初期値問題を解くことができるためである。

4　テキスト条件付き画像生成への拡張

拡散モデルが爆発的な発展を遂げた大きな契機の 1 つが，テキストからの画像生成において驚異的な性能を達成したことである。前節まででは特に条件を指定せずに生成を行う条件なし生成を前提に解説したが，本節ではテキストからの画像生成における拡散モデルの活用に焦点を当て，性能向上の鍵となった技術を紹介していく。

4.1　テキスト条件を反映するために必要な拡張

与えられた条件情報を反映したデータ生成ができるように，モデルを拡張してみよう。式 (4) を思い出すと，そもそも拡散モデルは x_t を入力とし，時刻情報 t を条件としたノイズ推定を行うモデルであるので，単純に所望の条件情報を時刻情報に追加してモデルに入力すればよさそうである。つまり，式 (4) を以下のように変更する。

$$p_\theta(x_{t-1}|x_t, c) = \mathcal{N}(\mu_\theta(x_t, c, t), \Sigma_\theta(x_t, c, t)) \tag{37}$$

ここで，c は条件情報である。あとは，画像と条件情報の組を学習データとして，式 (12) でモデルを学習させておけば，上式を使って $p(x_0|c)$ から画像をサンプルできる[45]。ただし，時刻情報はスカラーである一方，ここで追加したいテキスト条件は明らかにスカラーではないので，まったく同じ方法でモデルに入力することはできず，入力方法を適切に設計する必要がある。

[45] 一見，与えた条件情報が生成画像に反映されるかどうかがまったく保証されないように見えるが，経験的には条件情報を入力に追加するだけで条件付き生成を学習できる。

テキストからの特徴抽出

テキストの情報をモデルに入力するために，テキストから抽出した情報を特徴量として表現する必要がある。一般的には，まずテキストを単語や単語の一部をなす文字列へ分割してトークン列と呼ばれる表現に変換し[46]，トークン列を入力とするエンコーダによって特徴量を抽出する。エンコーダには以下の 3 つのいずれかを用いることが多い。

[46] 1 つのトークンとなるべき文字列を規定する語彙と呼ばれる辞書を事前に用意する必要がある。また，この変換処理を行うモジュールをトークナイザと呼ぶ。

専用のエンコーダを拡散モデルと同時に学習させて利用 [27, 28]

長所：画像生成に特化したエンコーダを獲得可能

短所：学習が高コスト

言語モデルとして学習されたエンコーダを利用 [29]

長所：膨大な学習データを活かし，テキストの意味を高精度に捉えられる

短所：モデルサイズが大きく，推論が高コスト

マルチモーダル表現学習（特に CLIP [30]）されたエンコーダを利用 [2]

長所：比較的軽量なモデルで，画像に関連する情報を重点的に抽出可能

短所：テキストの細かい情報を正確に捉えることが難しい

これらは，計算コストの増加を許容すれば複数を組み合わせて使ってもよく，たとえば文献 [31] では，言語モデルと CLIP エンコーダの両方を用いることで，さらに高精度にテキストの情報を捉えた画像生成が行えることを示している。

抽出した特徴量は，トークンごとの特徴量をトークンの数だけ並べたものとなる場合と，トークン列全体の特徴量が 1 つだけ得られる場合の 2 種類がある。一般的な言語モデルで抽出できる特徴量は前者で，適当なプーリング処理を用いて後者の形にすることも可能である。一方，CLIP エンコーダを普通に使うと後者の形で特徴量が得られるが，前者の形で特徴量を得たいときは，各トークンに対するエンコーダの最終層の出力を特徴量として使うことが多い。

抽出した特徴をモデルに入力する方法

抽出した特徴量をモデルの入力に追加する方法については，特徴量の形に応じていくつかの方法が提案されている。拡散モデルの入力にはそもそも時刻という条件情報が入力されているため，トークン列全体の特徴量が1つ得られている場合には，こちらと足し合わせて[47] 入力することが多い。一方，トークンごとの特徴量が得られている場合には，注意機構を利用して入力する方法が主流である。基本的には交差注意機構のような方法を用いるが，厳密には2種類のやり方がある。1つは単純に新しく交差注意機構をモデルに追加する方法 [3] で，キーとバリューをテキスト特徴量のみから計算し，モデル内で抽出した特徴量から得たクエリとの注意を計算する（図9 (a)）。もう1つは，もともとモデルの中にある自己注意機構に対して，キーとバリューの計算を行う際にテキスト特徴量をトークン方向に連結して利用する方法 [2, 27, 29] である（図9 (b)）。こちらの処理のベースは自己注意機構だが，自己注意と交差注意を同時に計算するような方法になっているため，広義の交差注意として扱われることもある [29]。

[47] 適当な MLP を介して次元数を合わせる必要がある。

注意機構を用いたテキスト情報の入力を行うと，トークンレベルの情報をモデルの推論に細かく反映でき，テキストが含む複雑な意味情報を正確に捉えた画像を生成することができる。おもしろい性質として，注意機構で計算された注意マップを見ると，どの単語が画像中のどのあたりの表現に反映されている

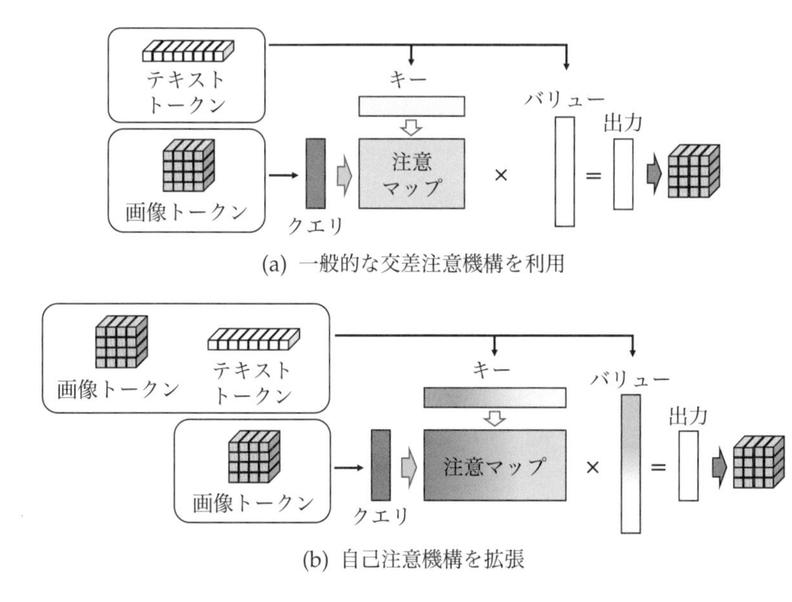

図9　抽出したテキスト特徴量をモデルに入力する方法。(a) は一般的な交差注意機構を用いた方法で，(b) は自己注意機構を拡張した方法を示している。

かといった情報を得られることが経験的に知られている。これを利用すると，たとえば注意マップをうまく制御することで，拡散モデルで生成した画像の編集を特別な学習なしに実現する [31, 32] ことが可能になるため，この性質は特に画像編集の文脈でよく活用される重要な性質の 1 つとなっている。

4.2 拡散モデルを学習させる空間の工夫による画像生成の高速化

テキストからの画像生成では，一般的に高解像度な画像の生成を求められるが，これをそのまま拡散モデルで生成しようとすると，非常に計算コストが高くなってしまう。これは，2 節で解説したように，拡散モデルでは原理的にモデルによる推論が多数回必要となるためである。このままでは 1 枚の生成に長い時間がかかり，とても使い勝手が悪くなる。しかし，拡散モデルを学習させる空間を工夫して高速に画像を生成する技術が提案されてからは，3.4 項の最後に紹介した数値解法の活用と組み合わせることで，この問題は大幅に緩和された。このことが大きな要因となって，テキストからの画像生成が広く普及した。ここでは，特によく用いられることが多い 2 種類の工夫について紹介する。

低次元の潜在空間を利用する方法

画像を低次元の特徴量に変換するエンコーダと，特徴量から画像を復元するデコーダがあれば，画像の代わりに低次元の特徴量で拡散モデルを学習・生成することで計算コストを削減できる（図 10 (a)）。このアプローチは早くから研究されていたが [33, 34]，テキストからの画像生成をはじめとした多くの条件付き生成

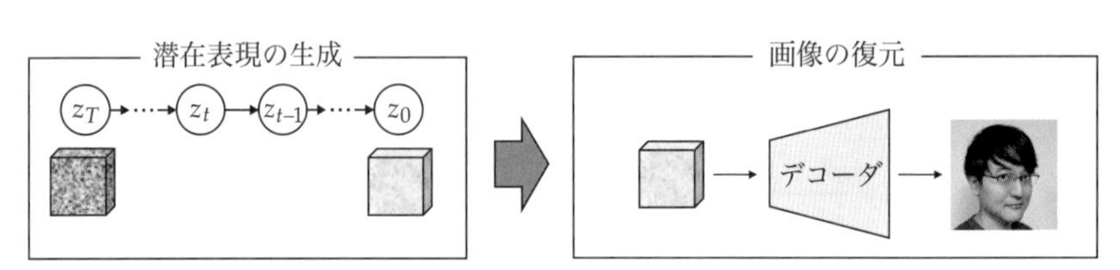

(a) 低次元の潜在表現を利用（Latent Diffusion Model）

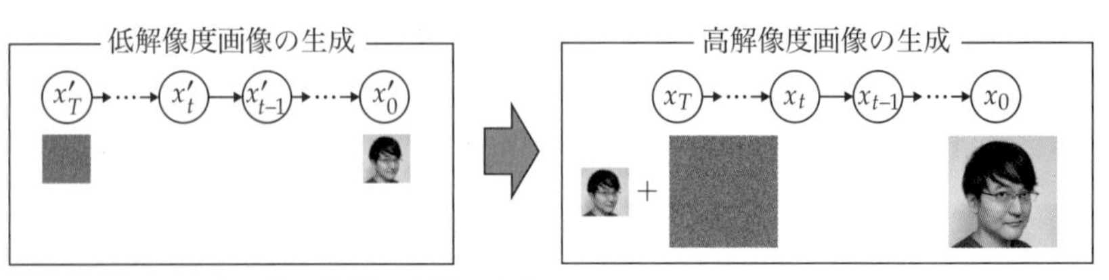

(b) 粗い情報から順に生成（Cascaded Diffusion Model）

図 10　デノイズ処理を軽量化するためのアプローチ。いずれの方法も，左側は低次元であるために高速である。右側は，(a) は拡散モデルではないため高速で，(b) は数値解法を活用した高速化が効きやすい。

において非常に有効であることを最初に広く世に示したのは，Stable Diffusion の基盤ともなっている潜在拡散モデル（latent diffusion model; LDM）[3] である。LDM では，事前に VAE や VQGAN [35] を用いてエンコーダとデコーダを用意しておき，学習データからエンコーダで抽出した特徴量を用いて拡散モデルを学習させる。生成時は，拡散モデルで特徴量を生成し，生成した特徴量をデコーダで画像に復元することによって生成画像を得る。LDM のポイントは特徴量の設計にあり，単純に特徴ベクトルに変換するのではなく，画像の縦と横を $1/n$ に圧縮する形で 3 次元配列の特徴量[48] に変換している。LDM は，2 次元の空間情報を特徴量でも保っておくことが高精細な画像の生成に重要であることを実験的に示している。

[48] 元の RGB 画像の大きさが $H \times W \times 3$ であれば，$H/n \times W/n \times C$ の特徴量。Stable Diffusion では $n = 8$，$C = 4$ が採用されている。

粗い情報から順に生成する方法

LDM と同じ理屈で低解像度の画像は高速に生成できると期待されるため，低解像度の画像をいったん生成してから，これの高解像度化のみを別の拡散モデルで行うというアプローチが考えられる。Cascaded Diffusion Model（連結型拡散モデル）[36] はまさにこのアプローチをとっており，低解像度画像の生成には一般的な拡散モデルを用いる一方，高解像度化を行う拡散モデルには，低解像度化した画像を条件として入力し，対応する高解像度画像を生成するように学習させたモデルを使う（図 10 (b)）。構成上は高解像度画像の生成が結局必要になってしまうが，実はこのような高解像度化を行う拡散モデルは，大幅に時刻数を削減しても性能が落ちにくいことが経験的に知られているため[49]，トータルでは高速化できる場合が多い。LDM ベースの Stable Diffusion とは対照的に，DALL·E 2 [2] や Imagen [37] はこちらのアプローチを採用している。

[49] たとえば DALL·E 2 [2] では，低解像度の生成には逆拡散を 250 ステップ用いているが，高解像度化には 15 ステップしか用いていない。

5　学習済みモデルの活用

前節で紹介した方法は，そもそも条件付き生成を行うモデルを学習させておこうというアプローチであったが，実は拡散モデルでは「陽に学習していない条件付き生成」も，生成方法をうまく工夫することによって実現できる。こちらのアプローチは，条件ごとにモデルを学習させ直す必要がなく，単一のモデルをさまざまな条件付き生成で使い回せるというメリットがある。本節では，ガイダンス（guidance）と呼ばれる方法と，参照画像や等式制約を使って逆拡散を制御する方法，また少数データを使った追加学習を許すことで高い編集自由度や新しいコンセプトを獲得する方法を紹介する。

5.1 ガイダンスによるデータ生成の制御

初めに，ガイダンスと呼ばれる手法について説明する。この手法はその名のとおり，生成過程を特定の条件に沿うように誘導することで，拡散モデル自体を追加学習することなく新しい条件を生成時に導入したり，あるいは学習した条件を強めてより入力条件を反映させた生成結果が得られるようにしたりすることを可能とする。

クラス識別モデルによるガイダンス（classifier guidance; C-guide）

C-guide [11, 38] は，逆拡散過程の各時刻において「所望のクラスっぽい画像になるように少しだけ画像をずらす」ことで，クラス条件付き生成を実現する方法である（図 11 (a)）。ずらす方向を適切に決めるために，まずノイズ付き画像が所望のクラスに属する確率を推定できるモデル $p_\phi(y|x_t)$ を事前に用意しておく。このモデルを用いて，各時刻のノイズ推定結果が所望のクラスに近づくように，以下のように補正する。

$$\hat{\epsilon}_{\theta,\phi}(x_t, y, t) = \epsilon_\theta(x_t, t) - s\sqrt{1-\bar{\alpha}_t}\nabla_{x_t} \log p_\phi(y|x_t) \tag{38}$$

ただし，s（$s > 0$）はハイパーパラメータで，大きいほど所望のクラスの典型的な画像を生成しやすくなる。$\nabla_{x_t} \log p_\phi(y|x_t)$ は，DNN の学習で一般的に用いられる逆伝搬処理によって計算できる。この勾配は，ノイズ入りデータが識

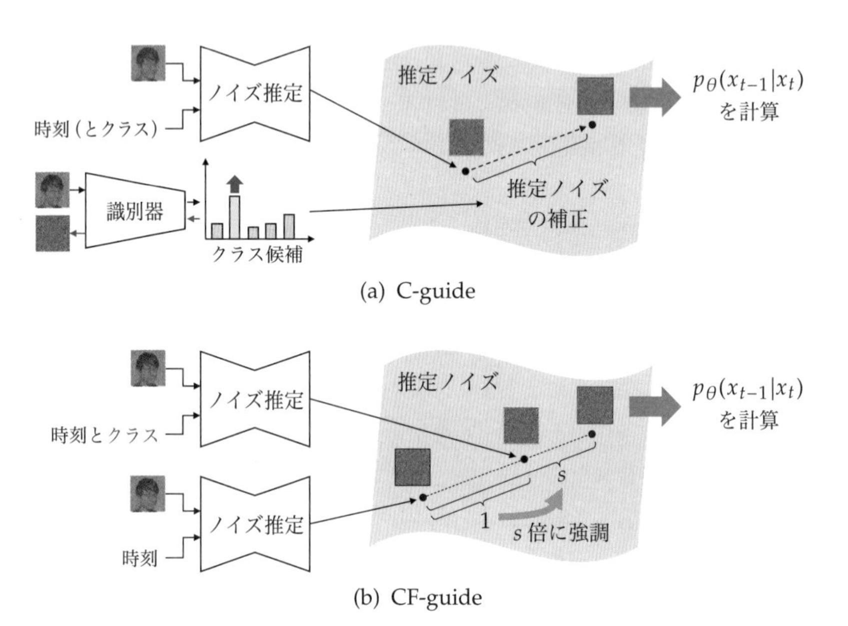

図 11　C-guide（classifier guidance）と CF-guide（classifier-free guidance）の概要

別モデルによって所望のクラスと判定されやすいような方向を表していると解釈できる。

ここで，式 (25) の拡散モデルの出力とスコアの関係を用いると[50)]，式 (38) の右辺は以下のように変形できる。

$$\hat{\epsilon}_{\theta,\phi}(x_t, y, t) = -\sqrt{1-\bar{\alpha}_t}\nabla_{x_t}\log(p_\theta(x_t)p_\phi(y|x_t)^s) \tag{39}$$

もし $s=1$ であれば，$p(x_t|y) \propto p(x_t)p(y|x_t)$ より，条件付き生成への拡張が行われていると解釈できる。また $s>1$ の場合，$p(y|x_t)$ が相対的に大きいところがさらに強調され，所望のクラスとしての尤度が高い（つまり典型的な）データが生成されるようになるが，逆に多様な画像を生成しにくくなる。C-guide は，学習済み条件なし拡散モデルでクラス条件付き生成を行うために利用できるが，学習済みクラス条件付き拡散モデルに対しても適用可能で，s を適切な値に設定することで生成品質が向上する[51)] ことが知られている。

ここまで，y はクラス情報を表すものだと仮定していたが，これは必ずしもクラス情報でなくてもよく，他の指標を用いることで C-guide はさまざまな条件付き生成に応用できる。たとえば，CLIP を用いてテキストと画像の類似度を推定し，特定のテキストとの類似性が高くなるように補正することでテキスト条件付き生成を実現したり [40, 41]，参照画像との類似度を用いて画像変換・編集を実現したり [40, 42, 43]，より一般的な条件付き生成に拡張したりした例がある [44]。また，ガイダンスの対象とする条件を 2 種類以上に拡張する例 [40, 42, 43, 45] も増えており，複数のガイダンス間における強度 s のバランスをサンプルごとに自動的に調整する方法 [42] も提案されている。

50) ここでは，DDPM の定式化を用いて，$b(t)^2 = 1-\bar{\alpha}_t$ であるとして話を進める。

51) GAN における Truncation Trick [16, 39] と似た効果が得られる。

クラス識別モデルが不要なガイダンス（classifier-free guidance; CF-guide）

C-guide では，拡散過程の任意の時刻 $t \in [0, T]$ でのノイズ入りデータ x_t に対して，追加で識別器を学習させる必要があった。学習済み条件付き拡散モデルで C-guide を利用する主な目的は，生成品質と多様性のバランスを制御して，生成品質を向上させることであったが，識別器を学習させることなくこれを実現する手法として，CF-guide [46] が提案された[52)]。CF-guide（図 11 (b)）では，そもそもクラス条件付き生成を行うモデル $\epsilon_\theta(x_t, y, t)$ を前提として，さらに学習時に一定の確率でクラス条件を入力しない[53)] ことで，条件なしノイズ推定ができるようにしておく。このように学習させたモデルを用いて，各時刻のノイズ推定結果を以下のようにずらす。

$$\hat{\epsilon}_\theta(x, y, t) = \epsilon_\theta(x_t, y, t) - s\left(\epsilon_\theta(x_t, \varnothing, t) - \epsilon_\theta(x_t, y, t)\right) \tag{40}$$

$$= (1+s)\epsilon_\theta(x_t, y, t) - s\epsilon_\theta(x_t, \varnothing, t) \tag{41}$$

52) この手法は，すでに条件付き生成を学習したモデルを前提とすることに注意が必要である。そのため，本節で主に扱いたい技術とはずれるものの，C-guide の改善として幅広く利用されている重要な技術であるため，ここで取り上げる。

53) 具体的には，一定の確率でクラス条件を埋め込んだベクトルの全要素を 0 にする。

ただし，$\varnothing$ はクラス条件をモデルに入力しないことを示す。C-guide と見比べると，式 (38) では推定結果をずらすためにクラス識別モデルの入力に関する勾配を用いていたところを，式 (40) では y による条件付けの有無で生じる推定量の差分を用いている。この差分は，モデルの推定量をスコアとして解釈すれば，以下のように表せる。

$$\begin{aligned}\epsilon_\theta(x_t,\varnothing,t)-\epsilon_\theta(x_t,y,t) &= -\sqrt{1-\bar{\alpha}_t}\left(\nabla_{x_t}\log p_\theta(x_t)-\nabla_{x_t}\log p_\theta(x_t,y)\right)\\ &= \sqrt{1-\bar{\alpha}_t}\nabla_{x_t}\log p_\theta(y|x_t) \end{aligned} \tag{42}$$

したがって，C-guide と CF-guide は本質的には同様のことをしていると解釈できる。ただし，CF-guide では，識別器を追加で学習させる必要がない代わりに，条件 y がある場合とない場合とで各時刻でのノイズ推定が 2 回必要となり，計算コストは 2 倍になることに注意が必要である。

C-guide と同様に，CF-guide も原理的にはクラス条件以外にも素直に適用できる。特にテキスト条件付き画像生成の応用において多用されており，興味深い活用として，ネガティブプロンプト（negative prompt）と呼ばれる方法が知られている[54]。これは，生成してほしくないものをテキストで指定できる方法であり，原理としては CF-guide において $\varnothing$ となっていたところに，そのようなテキストを入力することで実現する。

54) 筆者が調べた範囲では，公式の文献は見つけられなかったが，特にテキストからの画像生成において非常に広く用いられている技術であるため，取り上げた。

5.2 逆拡散処理の補正によるデータ生成の制御

前項のガイダンスは，生成したいデータとは異なる形式での条件付け[55] において多用されるのに対し，条件情報がデータと同じ形式をとる[56] ことをうまく利用して逆拡散過程を制御するアプローチも提案されている。以下では画像生成を取り上げて説明を進めるが，原理的には，音，動画や 3D など，任意のデータに応用できる技術である。

55) たとえば，画像生成におけるクラスやテキスト条件など。

56) たとえば，画像生成モデルを利用した画像変換など。

参照画像を用いた逆拡散の制御

最もシンプルな方法である SDEdit [47] と CCDF [48] について説明する。これらの手法では，まず参照画像 y に対して，適当な時刻 t_0 に相当する参照画像のノイズ入り表現 y_{t_0} を拡散過程（式 (3)）に基づいてサンプリングする。

$$y_{t_0} = \sqrt{\bar{\alpha}_{t_0}}y + \sqrt{1-\bar{\alpha}_{t_0}}\epsilon \tag{43}$$

この y_{t_0} を x_{t_0} と見なして，時刻 t_0 から逆拡散処理を行うことで，参照画像に対応する画像を生成する。たとえば，拡散モデルを高解像度の実画像で学習させておけば，低解像度画像[57] を y として超解像に応用したり [48]，スケッチ画

57) 生成データと次元を合わせる必要があるので，厳密には線形補完などで粗くアップサンプリングした画像を y として用いる。

像を y としてスケッチ画像から実画像へ変換したり [47] することができる[58)]。この方法は，Stable Diffusion においては image-to-image という名前で知られており，広く利用されている。

58) これらの例で，学習時には低解像度画像やスケッチ画像はいっさい利用していないことを再度強調しておく。

等式制約を用いた逆拡散の制御

CV 応用においては，等式制約を厳密に満たすように画像を生成したい場合[59)]がある。たとえば画像の超解像を考えると，高解像度化した画像を低解像度に戻したときに元の画像と一致する必要があり，この条件は生成する高解像度画像に対する等式制約という形で表現できる。SDEdit や CCDF の方法やガイダンスを用いた方法[60)] では，条件に対してどれだけ忠実な画像を生成するかを t_0 や s の設定によって制御できたが，ここで紹介する方法は，等式制約を厳密に満たすことに特化した方法である。具体的には，逆拡散処理の各ステップにおいて，生成途中の x_t を適切に補正し，最終的に生成される x_0 が与えた条件を満たすことを保証する方法について紹介する。

59) いわゆる一種の逆問題である。ただし，生成モデルを用いて解くため，1 つの正解を得るのではなく，条件を満たす無数の解のすべてに興味がある場合に向く。

60) 等式制約からの逸脱度合いを最小化するように C-guide を拡張することで解くこともできる（たとえば文献 [49]）。

最終的に等式制約が満たされるように x_t の補正を行うとき，補正後の x_t が満たすべき重要な条件が 2 つある。

- 時刻 0 において，補正後のデータが等式制約を満たすこと
- 任意の時刻 t において，補正後のデータが $q_t(x)$ から逸脱せず自然なデータであり，特にノイズレベル（付加されているノイズの強度）が正しく保存されていること

たとえば，このタイプの方法で最も初期に提案された ILVR [50] では，参照画像 y と同じ低周波成分をもつ画像 x_0 を生成する[61)] ために，通常の逆拡散処理で得られた x_{t-1} に対して，以下のような補正を行っている。

61) 超解像以外にも，参照画像と同じ構図をもつ画像の生成や，絵画→実画像のようなドメイン変換にも使える。

$$\tilde{x}_{t-1} = x_{t-1} - \Phi(x_{t-1}) + \Phi(\sqrt{\bar{\alpha}_{t-1}}y + \sqrt{1-\bar{\alpha}_{t-1}}\epsilon) \tag{44}$$

ただし，Φ は画像の低周波成分を抽出する処理[62)] である。上式の補正は，各時刻で低周波成分を参照画像のもので完全に置き換えるため，生成画像は必ず y と同じ低周波成分をもつ。これにより，上記の条件の 1 つ目を満たす。また，y にも時刻に応じたノイズを付加して処理を行うことで，ノイズレベルを適切に調整しており，2 つ目の条件も満たされている。

62) 具体的には，画像を適当な倍率で縮小してから元のサイズに拡大する。

DDRM [51] は，このアプローチを一般の線形制約に拡張した。つまり，既知の線形制約 $y = Ax + \sigma_y\epsilon$ について，与えられた参照画像 y に対応する x を生成する問題[63)] に一般化した。DDRM では，事前に A の特異値分解を行っておき，データを生成する際には特異値分解で得られた成分ごとに逆拡散処理を行う。A の固有空間外（特異値が 0）の成分については，データがどのような値

63) CV 分野では，超解像，自動着色，インペインティングなどがこのタイプの問題の代表例。

をとっても制約条件の適否に影響を与えないため，通常の逆拡散過程で処理を行う。一方，固有空間内（特異値が正）の成分については，参照画像 y を使って処理の補正を行う。基本的には，現時刻で推定したノイズで復元したデータ $\hat{x}_0$ と参照画像 y とを適当な係数で混合し，時刻に応じたノイズを付加することで，次の時刻のデータ x_{t-1} をサンプリングする[64]。混合比の設定によって条件への忠実性を制御できるが，参照画像のみを用いるという極端な設定によって，厳密に等式制約を満たすデータの生成が可能となる。さらに，この設定において，A が低周波成分を取り出す処理で σ_y が 0 という特殊なケースが，ILVR に相当する。一方，特異値分解以外の分解への拡張 [52] や，A が未知の場合への拡張 [53] など，さらなる一般化を行った例もある。

[64] ただし，ここでは y にもノイズが含まれているため，このノイズの強度が現時刻のノイズレベルよりも大きい場合は，混合時のスケーリングを工夫する必要がある。詳しくは論文 [51] を参照。

5.3 追加学習による拡張

ここまでに紹介した手法では学習済みモデルを固定して利用していたが，ここからは，少数データを用いた追加学習を導入することで，新しいコンセプト（たとえば特定の物体やキャラクター）を扱う画像生成や，新しいタイプの条件（たとえばシーンのレイアウトや人のポーズ情報など）に従った画像生成を実現する手法を紹介する。

新しいコンセプトの追加学習

新しいコンセプトを学習させる際には，そのコンセプトに新しいトークンを割り当て，そのトークンが出現するテキストをうまく扱えるように少数の学習用画像（たとえば，特定の物体やキャラクターなどの画像）をモデルに追加学習させる[65]。このとき，学習で最適化する対象を「新しく割り当てたトークンの特徴量」とするか「拡散モデルのパラメータ」とするかで大きく 2 つのアプローチがあり，それぞれの代表的な手法として Textual Inversion [54] と DreamBooth [55] を紹介する（図 12）。また，後者に関連して，効率的に追加学習を行う方法として最近広く用いられている LoRA [56] も紹介する。

[65] モデルにとって未知の固有名詞（もしくは形容詞など）を新しく作り，その意味を追加学習させるイメージである。

Textual Inversion（TI）　テキストからの特徴抽出では，エンコーダの冒頭で各トークンを特徴量に変換するが，TI では学習対象のために新しく導入したトークン S_* に対応する特徴量だけを学習で最適化する。学習用画像のキャプションには “A photo of S_*.” などといったテンプレートを用い，通常の拡散モデルの学習と同じ損失関数を使って学習を行う。拡散モデル（U-net）自体は再学習されないため，学習済みの画像からかけ離れたコンセプトを扱うことは難しいが，従来生成できていたものは生成可能であることを保証しつつ，新しいコンセプ

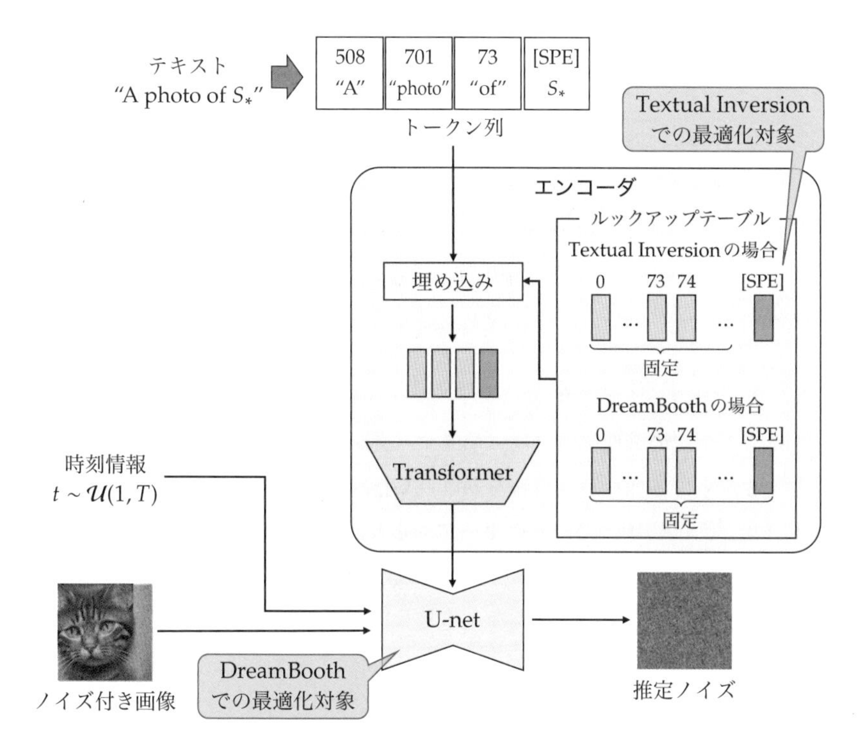

図 12　Textual Inversion と DreamBooth において最適化される対象

トを軽量に獲得できる。トークンの特徴量だけではなく，モデル内の相互注意機構も最適化することで，学習をさらに軽量化する例 [57] もある。

DreamBooth（DB）　この方法では，新しくトークンを追加するのではなく，語彙の中からほとんど使われていないトークンを選び，学習対象のコンセプトに割り当てる。学習には TI と同様のキャプションと損失関数を用いるが，学習における最適化対象が，トークンの特徴量ではなく拡散モデルになっている。また，与えられた少数の学習用画像のみで拡散モデルを学習させると過学習を引き起こすため，追加学習前のモデルで生成した画像も追加学習で併用する[66]。DB では拡散モデル自体を再学習させるため，前述したような過学習を回避するための工夫が必要になるが，扱えるコンセプトの範囲が広い。学習用画像の枚数を 1 枚にすることで，画像編集に拡張した例 [58] もある。

[66] たとえば特定の猫を新規コンセプトとして学習したい場合には，"a photo of a S_* cat" というキャプションを学習用画像に使って学習を行いつつ，"a photo of a cat" というキャプションに対しては従来のモデルで生成した画像を使って学習を行う。

Low-Rank Adaptation（LoRA）　もともとは大規模言語モデルを追加学習させるために提案された手法であり，表現力を制限したモジュールをモデル内に追加して，そこだけを学習させることによって，効率的な追加学習を実現する。元のモデル内の特定の層における線形処理を Wx とすると，モジュール追加後は，ランクが制限された行列 W_r を使って $Wx + W_r x$ に変更し，新たに追加した W_r のみを学習させる[67]。学習後は元の行列とマージする（$W + W_r$ とする）ことができるので，追加学習後も計算量が増えないというメリットがある。拡散モデルで LoRA を用いる場合は，テキストの特徴量が入力される交差注意機構のところに用いることが多い。追加学習の手法なので，単に少ないデータ（画像・テキストペア）での fine-tuning に使ってもよいし，DreamBooth などと組み合わせて使うことも可能である。

[67] 実装上は，縦長の行列 W_b と横長の行列 W_a の積 $W_b W_a$ として W_r を表現し，前者の要素を 0 に，後者の要素をランダムに初期化して学習を行う。

新しいタイプの条件付き生成の追加学習

テキストからの画像生成では，生成すべき画像の特徴を自然言語で記述して入力するために多様な意味情報を効率良く指定できるが，一方で詳細な構造的情報（たとえば物体の形や人のポーズなど）をうまく指定することは難しい。そこで，このような情報を条件とした生成を，追加学習で可能にする方法が提案されている。ここでは代表的な手法として，非常に広く用いられており，多くの手法のベースラインともなっている ControlNet [59] を紹介する。

ControlNet の基本的な戦略は LoRA と似ていて，新しいモジュールをモデルに追加し，与えられた学習データでモジュールのみを学習させる。ただし，モジュールの設計は LoRA とは大きく異なり，元の U-net の前半部分をコピーし，新しいタイプの条件情報を入力する層を追加している（図 13 (a) の青い部分）。モジュールからの出力を，解像度ごとに U-net の後半部分の特徴量へおのおの加算することにより，固定されている学習済みモデルによる推定を条件情報に応じて補正している。モジュールの学習には，通常の拡散モデルと同様の損失関数を用いる。

追加するモジュールに U-net の前半部分をコピーして用いている関係で，入力する条件の情報は画像の形式である必要がある。したがって，意味的領域分割や深度といった情報はほぼそのまま入力できるが，人体のポーズやキーポイントなどの情報は，画像として可視化してから入力する必要がある（たとえば図 13 (b)）。この性質上，ControlNet は「既存の画像認識処理を使うことで画像から自動的に抽出できる構造的情報」を条件として利用する場合に適しており[68]，さまざまなドメインで多くの応用がなされている。

[68] 画像の形式で表現可能で，学習データとして必要な画像・条件のペアの作成コストも低いため。

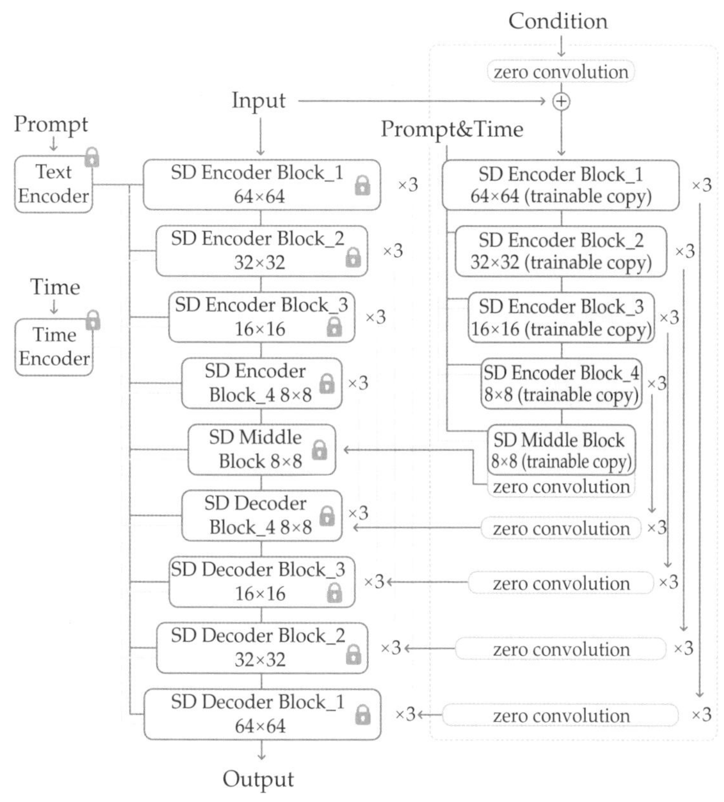

(a) モデルの構造

(b) 実験結果例

図 13　ControlNet の構造と実験結果例（図はいずれも文献 [59] から引用）

6　動画や 3D への拡張

ここでは，2 次元画像以外のドメインへの展開の中で，特に CV 分野において重要な動画と 3D 表現への拡張を紹介する。

6.1　拡散モデルによる動画生成

画像の生成を動画の生成に拡張する際には，生成対象のデータの次元数が 1 つ大きくなる。具体的には，RGB 画像の場合には，扱うデータは $H \times W \times 3$ の 3 次元テンソルの形であったが，動画の場合にはフレーム数 L が加わり，$L \times H \times W \times 3$ の 4 次元テンソルの形になる。ここで，動画は L 枚の連続する画像 $\{x^i\}_{i=1}^L$ によって表現されるデータと捉えられるため，各フレーム x^i の生成は画像生成モデルをベースにできそうであるが，課題になるのは，いかにして他のフレーム $\{x^{j \neq i}\}$ と相互に時間的な一貫性があるフレーム列を生成できるかである。この一貫性を向上させるためには，以下の 2 点について考えることが重要である。

1. 複数のフレーム画像からなる集合 $\{x^i\}_{i=1}^L$ の同時分布 $p(x^{1:L})$ をどのようにモデル化するか
2. 生成済みフレーム集合 $\{x^i\}_{i=1}^{L'}$ と時間的に一貫したフレームの生成を実現するために，条件付き分布 $p(x^{(L'+1):L} | x^{1:L'})$ をどのようにモデル化するか

前者では動画データを扱うための効率的なネットワーク構造に，後者では既知のフレームの情報を現在のフレームの生成過程に効率的に反映させる方法に主眼が置かれる。以下では，この 2 つの視点から関連する研究を俯瞰する。

なお，拡散モデルで動画生成を行う際には，後者は必須ではないことに注意が必要である。5.2 項で述べたように，拡散モデルでは生成過程において既知のデータから計算したノイズを陽に用いることで，部分的な観測を条件とした条件付き生成に学習なく拡張できる。動画の場合には，それをフレーム方向に適用することで，同時に生成可能な L 枚の範囲であれば，自由に条件付き生成へ拡張できる[69]。しかし，この方法では直近の生成結果とのみ整合するフレームを自己回帰的に繰り返し生成することになるため，遠く離れたフレーム間の一貫性をとりにくく，時間的に一貫性がある長い動画を生成することは難しいといわれている。そのような場合には，後者の考え方を適用し，生成時の条件として遠く離れたフレームの関係をうまく取り扱うことが重要になる。

[69] たとえば，$x^{1:L}$ に対する逆拡散過程を計算する際に，前半の L' 枚はすでに生成したフレームから計算したノイズを用い，後半の $L - L'$ 枚はランダムにサンプリングしたノイズを用いるなど。

複数のフレーム画像の同時生成による動画生成

まずは，複数のフレーム画像の同時分布を扱うためのモデル構造に着目して，既存研究を俯瞰する。Video Diffusion Models（VDM）[60] は，各フレームに

対する通常の空間的な注意機構に加えて，フレーム間の同じ空間位置の特徴量に対して時間的な注意機構を導入することで，動画生成に対応したモデルに拡張した。それ以外の構造は画像生成のための U-net の構造を保持する設計となっており，時間方向の注意機構をうまくマスキング[70] することで静止画と動画を両方使って学習させることができ，この学習方法が性能向上をもたらすという実験結果を報告している。Make-A-Video[71] [61] や Imagen Video[72] [29] では，さらに時間方向の畳み込み演算の追加と，また複数の拡散モデルを段階的に適用することで空間的・時間的に高解像度化する枠組みの導入が提案され，動画生成の高品質化が進んでいる。これらの 3 つの文献で提案された構造が，拡散モデルで動画データを扱う際の基本的なアイデアとして広く利用されている（図 14）。

[70] 静止画の場合は時間方向の注意機構の処理を行わない。

[71] 以下の説明以外で特筆すべき点として，学習済みのテキスト条件付き画像生成モデルをテキストがついていない動画で追加学習させることで，動画生成に拡張している。

[72] こちらは，大規模なテキストと画像のペアおよび動画のペアの両方のデータセットを学習する。合計 7 つの拡散モデルを用いる超大規模な構成だが，学習後に段階的蒸留 [9] を行うことで生成の高速化も図っている。

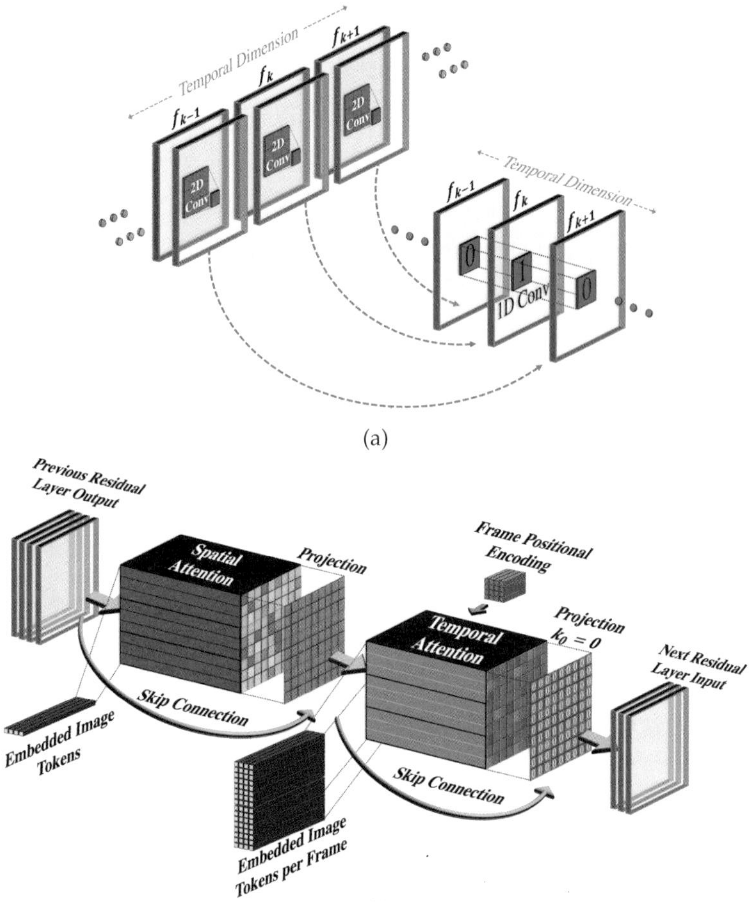

(a)

(b)

図 14　Video に対応した U-net への拡張 [61]。(a) 空間的な 2D 畳み込みの後に時間的な 1D 畳み込み演算を追加。(b) 空間的な注意機構の後に時間的な注意機構を追加。

特に，後者の 2 つの論文では，テキストを条件とした動画生成が取り上げられており，多様なテキスト入力に対応した動画生成を実現している。

潜在拡散モデルによる動画生成

複数フレームの同時分布をモデル化するにあたって，4.2 項で述べた LDM を用いた手法も数多く提案されている。LDM を利用する 1 つの利点は，潜在表現をうまく設計して空間・時間方向の解像度を圧縮し，高次元な動画データを軽量な表現に変換してから拡散モデルで扱うことで，計算量を削減できることである。

MagicVideo [62] は，Stable Diffusion [3] をベースとした動画生成モデルであり，各フレーム画像を画像エンコーダで空間方向に圧縮することで，時間的に連続した潜在表現に変換し，それを生成できるように Stable Diffusion を追加学習させる。この手法では，U-net の拡張は Make-A-Video などと類似した方針をベースとしつつも，LDM の計算量の軽さを生かすために，時間方向の畳み込みをフレーム位置に応じた独立した演算に置き換えたり，時間方向の注意機構で過去のフレームのみを参照しつつ空間方向と時間方向の注意機構を並列処理したりすることで，軽量な学習・生成を実現している。

さらに，Align your Latents [63] では，学習済みの LDM パラメータはすべて固定して時間方向の処理に対応したパラメータのみを追加学習させることで効率化し，その上で複数の LDM を用いて時間的に高解像度化したり，潜在表現から動画への変換を行うデコーダを動画データで追加学習したりして，高品質な動画生成を実現している。

ここまでは，大規模なテキストと画像のペアで事前学習した Stable Diffusion をうまく活用して動画生成に拡張する話だったが，動画データに特化した潜在空間を新しく設計する手法も提案されている。時間方向にも圧縮伸張を行うように動画用のオートエンコーダを学習させる方法 [64] や，空間と時間で 3 次元の表現を 3 つの 2 次元表現に分けて[73] 効率的に動画データを圧縮する方法 [65]，また 1 フレーム目の潜在表現とオプティカルフローを組み合わせた軽量な潜在表現に基づく方法 [66] などが，例として挙げられる。

[73] 3D 分野における Triplane 表現と似ている。

既知のフレームを条件として利用する方法

続いて，既知のフレームに対して一貫性をもつフレームを生成するための条件付けの方法に関する既存研究について説明する。Masked Conditional Video Diffusion（MCVD）[67] は，過去と未来のフレームが条件として入力されるネットワーク構造を提案した上で，さらに学習時にそれらをランダムにマスキングすることで，ゼロからの動画生成，未来フレームの予想，および与えられたフレームとフレームの間の補間という 3 つの処理を統一的に扱える動画生成拡散モデルを提案している。また，学習時にランダムな時刻の条件フレームを選択することで，条件付き生成と条件なし生成を統一的に扱う手法 [68] や，生成時にさまざまな生成順序を考えて最適な方法を選択できるようにすることで数十分もの長い動画の生成を実現する手法 [69] も提案されている。

ここまでの研究では，一度に生成するフレーム数を可変としていたが，より軽量に動画生成を実現するために，1 枚の画像を生成するモデルを前提とした条件付けの方法も提案されている。この場合には，既知のフレームと現在のフレームとの差分情報を用いて条件付けすることが多く，最初のフレームと直前のフレームから推定したオプティカルフローを条件として現在のフレームを生成する手法 [70] や，基準となるフレームを生成する画像生成モデルと，それを条件としてフレームごとに基準となるフレームとの差分を推定する画像生成モデルの 2 つのモデルを学習させる手法 [71] が代表的である[74]。

[74] 生成する動画のちょうど真ん中の時刻に位置するフレームを，基準となるフレームとして利用している。

6.2 3D 生成への拡張

最後に，3D 生成への拡散モデルの活用について紹介する。一般に，3D 生成を行うモデルを学習させるためには，物体ごとに複数の視点から撮影した複数の画像が必要となり，多数の物体を生成できるモデルを学習させるためには，データ収集のコストが極めて大きい。そこで，拡散モデルのテキストからの画像生成の成功を背景として，「学習済み画像生成拡散モデルをうまく利用することで，3D データなしで 3D 再構成を行うモデルを学習させる」手法の研究が注目を集めている（図 15）。

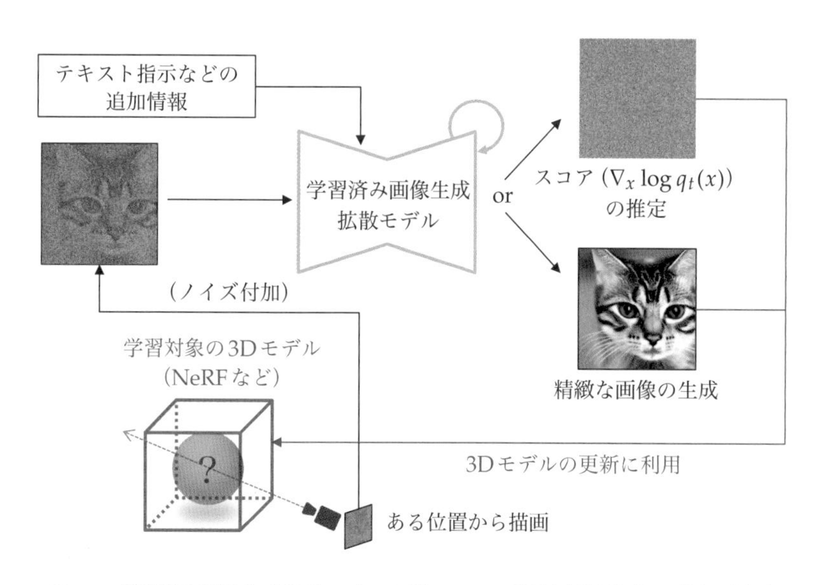

図 15　学習済み画像生成拡散モデルを用いて 3D 表現を最適化する手法の概要

現在主流となっているのは，学習済み画像生成拡散モデルが推定するスコアを 3D 再構成モデルに蒸留するアプローチである。これは，DreamFusion [72] で提案されたスコア蒸留サンプリング（score distillation sampling; SDS）と呼ばれる手法がベースとなっている。SDS を理解しておくことは，今後の 3D 生成の発展を理解する助けとなると思われるため，ここで詳しく紹介する。

スコア蒸留サンプリングの概要

SDS は，学習済みの画像生成拡散モデルを画像が従う事前分布の推定器として用い，3D 表現を生成するモデルを最適化する手法である。まず，SDS で扱う問題設定と最適化方法の概要について述べる。最適化対象の 3D 表現として，NeRF に代表されるような，3D ボリュームを表すパラメータ ϕ から微分可能レンダラ g によってある視点 π から見た画像 x が得られるようなパラメータ表現 $x = g_\pi(\phi)$ を考える。SDS では，どの方向から見ても（設定範囲の任意の π について）学習済み拡散モデルの出力と見なせるように，以下の勾配を用いて ϕ を更新する。

$$\nabla_\phi \mathcal{L}_{\mathrm{SDS}}(\theta, x = g_\pi(\phi)) = \mathbb{E}_{t,\epsilon}\left[w(t)\left(\epsilon_\theta(x_t; y, t) - \epsilon\right)\frac{\partial x}{\partial \phi}\right] \qquad (45)$$

ただし，θ は学習済み拡散モデルのパラメータ[75]，t は拡散過程の時刻，ϵ は拡散過程で付加する標準ガウス分布からサンプリングしたノイズ，y はテキストなどの拡散モデルの条件を表す。

[75] SDS による ϕ の更新時には，θ は学習せず固定する。

式 (45) の右辺は 3 つの要素の積から構成されており，第 1 要素は拡散時刻に対応した重み，第 2 要素は拡散モデルによって推定されるノイズと実際に付加したノイズとの誤差，第 3 要素は微分可能レンダラのパラメータに関するヤコビアンである。拡散モデルに関連するのは第 2 要素で，これが任意の t と ϵ に対して 0 になれば，$x = g_\pi(\phi)$ は拡散モデルが事前に学習した画像の分布に従うと見なすことができる。この SDS の利点は，式 (45) の計算に拡散モデルの勾配計算が必要ない点であり，あくまで拡散モデルを，画像を更新するべき方向の推定器として用いているため，実装が簡単かつ計算効率の良い枠組みとなっている。

スコア蒸留サンプリングの詳細

続いて，式 (45) で表される勾配がどのように導出されたのかを見ていこう。ここでは，拡散モデルを学習させるときに利用した拡散過程が，$q(x_t|x) = \mathcal{N}(a_t x, b_t^2 \mathbf{I})$ を満たすとして議論を進める[76]。ϕ の学習について，任意の拡散過程の時刻 t に対して，レンダリングした画像にノイズを付加した表現の分布 $q(x_t|x = g_\pi(\phi))$ と，拡散モデルが学習したノイズ入り画像の分布 $p_\theta(x_t|y)$ の KL 距離を用いる

[76] 式 (21) の離散形式に相当する。ここで紹介する手法は連続時間に対応した拡散モデルに拡張できるが，ここでは簡単のため，離散形式の拡散モデルで議論する。

ことを考えると，パラメータ ϕ に関する勾配は以下のように表せる。

$$\begin{aligned}&\nabla_\phi \mathrm{KL}\big(q(x_t|x = g_\pi(\phi))||p_\theta(x_t|y)\big)\\&\quad = \mathbb{E}_\epsilon\Big[\nabla_\phi \log q(x_t|x = g_\pi(\phi)) - \nabla_\phi \log p_\theta(x_t|y)\Big]\end{aligned} \tag{46}$$

ここで，右辺第 2 項は学習済み拡散モデルが学習したデータ分布であり，以下のように表せる[77)]。

77) 第 2 項は x には依存せず，x_t のみに依存していることから，ϕ に関する全微分は連鎖律を利用して x_t に関する表現に書き換えることができる。

$$\nabla_\phi \log p_\theta(x_t|y) = \nabla_{x_t} \log p_\theta(x_t|y)\frac{\partial x_t}{\partial x}\frac{\partial x}{\partial \phi} \tag{47}$$

$$= -\frac{a_t}{b_t}\epsilon_\theta(x_t|y)\frac{\partial x}{\partial \phi} \tag{48}$$

ただし，最右辺では，$\frac{\partial x_t}{\partial x} = a_t$ となる[78)] ことと，式 (28) のスコアと推定ノイズの関係を用いた。一方，式 (46) の右辺第 1 項は，x と x_t に依存する点に注意すると，以下のように分解できる。

78) $\mathcal{N}(a_t x, b_t^2 \mathbf{I})$ からのサンプリングは，$\epsilon \sim \mathcal{N}(0, I)$ をサンプリングして，$x_t = a_t x + b_t \epsilon$ と変換することで実現でき，この式を x に関して微分した。

$$\nabla_\phi \log q(x_t|x) = \left(\frac{\partial \log q(x_t|x)}{\partial x} + \frac{\partial \log q(x_t|x)}{\partial x_t}\frac{\partial x_t}{\partial x}\right)\frac{\partial x}{\partial \phi} \tag{49}$$

式 (49) の右辺第 1 項はレンダリングした画像 x に対するスコアであり，第 2 項はノイズが付加されたサンプル x_t のみに関する勾配である[79)]。ここで，前者を無視したとしても，元の勾配推定量と変わらない不偏推定量で，かつ低分散な推定結果が得られることが知られている [73]。これにならい，式 (49) の第 1 項を無視すれば，式 (46) の第 1 項は以下のように表される。

79) 文献 [72] や [73] では，第 1 項を score function，第 2 項を path derivative と呼んでいる。

$$\nabla_\phi \log q(x_t|x) \approx -\frac{a_t}{b_t}\epsilon\frac{\partial x}{\partial \phi} \tag{50}$$

ただし，式 (28) により $\frac{\partial \log q(x_t|x)}{\partial x_t} = -\frac{\epsilon}{b_t}$ となることを利用した。したがって，式 (48) と式 (50) より，式 (45) は以下のように式 (46) において時刻に応じて重み付けした値の期待値と等しいことがわかる。

$$\nabla_\phi \mathcal{L}_{\mathrm{SDS}} = \mathbb{E}_t\left[w(t)\frac{b_t}{a_t}\nabla_\phi \mathrm{KL}\big(q(x_t|x = g_\pi(\phi))||p_\theta(x_t|y)\big)\right] \tag{51}$$

$$= \mathbb{E}_{t,\epsilon}\left[w(t)\big(\epsilon_\theta(x_t|y) - \epsilon\big)\frac{\partial x}{\partial \phi}\right] \tag{52}$$

スコア蒸留サンプリングを用いた 3D 生成手法の発展

SDS を用いた 3D 生成は，学習済み画像生成拡散モデルさえ利用できれば簡単に実現できるため，OSS として公開されている Stable Diffusion [3] など，テキストから高精細な画像を生成するモデルが簡単に利用できることを背景として，非常に急速に進展している。DreamFusion では，3D モデルとして Mip-NeRF

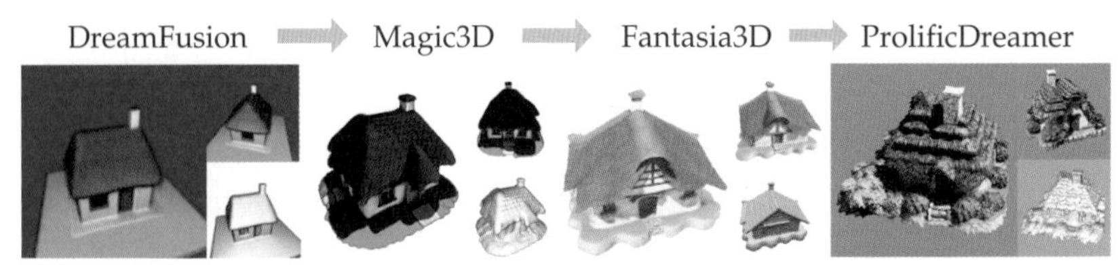

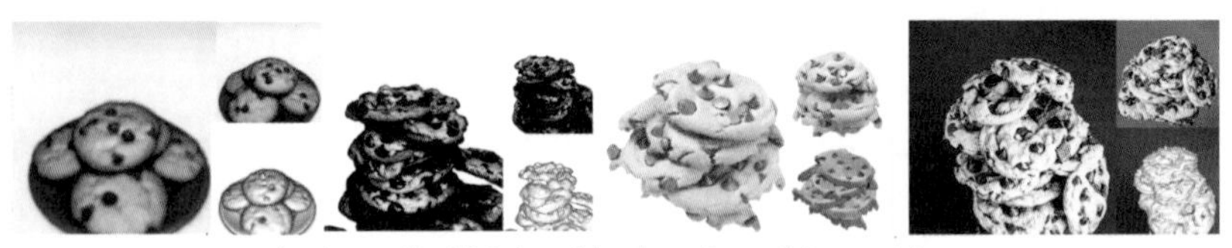

図 16　スコア蒸留サンプリングに関連した手法の生成結果の比較。文献 [77] より引用。図中の矢印は手法の提案時系列を示す。

360 [74] と呼ばれるモデルを利用していたが，学習速度の改善や高解像度な生成を目的として，よりリッチな 3D モデルを利用したり [75, 76]，NeRF のパラメータも分布として考えるように拡張したり [77] する提案がなされている。これらは，すべて SDS の提案から 1 年を経たずして発表されたものであるが，これらの研究によって SDS による 3D 生成の品質は著しく改善している（図 16）。

SDS の課題として，各視点からレンダリングしたときに画像としてはある程度自然なものの，3D 表現的には一貫性がなく不自然になってしまう問題[80] がある。これは，拡散モデルは正面を向いた画像を多く生成することや，入力テキストに対して多様な画像を生成してしまうことによると考えられており，DreamFusion ではテキストにカメラ位置に応じた位置情報を加えたり，CF-guide を強く適用して入力テキストに沿った典型的な画像のみが出力されるように工夫している。他の工夫として，テキスト条件入力の設計を工夫することで改善する手法 [78, 79, 80] や，拡散モデルをカメラ条件など 3D 情報も入力として受け取るように改善した上で SDS を行う手法 [81, 82, 83] なども提案されている。

[80] たとえば，顔など通常 1 つしかないパーツが複数埋め込まれていたり，他の視点から見たときにテクスチャが一貫しないなど。ヤヌス問題（Janus problem）と呼ばれることもある。

3D 表現を直接生成する 3D 生成

ここまで，SDS に注目して話を進めてきたが，動画生成と同様に，3D 表現が従う分布を直接モデル化することで 3D 生成を行うアプローチ（図 17 参照）も多数提案されている。これらの手法は，基本的には大量の 3D データを用いて拡散モデルを学習させる必要があることに注意する。どのような 3D 表現を拡散モデルの生成対象とするかに多様性があり，ポイントクラウド [85, 86, 87]，3D メッシュ [88]，Signed Distance Function（SDF）[89, 90, 91, 92] など，さま

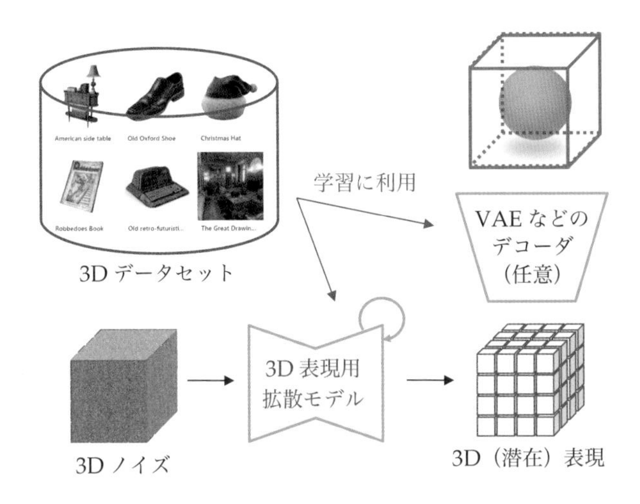

図 17　3D 表現を直接生成する拡散モデルの概要図。図中 3D データセットは Objaverse [84] から引用した。

ざまな 3D 表現において拡散モデルを応用するアプローチが提案されている。

3D 表現として NeRF が一般的に利用されるようになってきているが，上述した SDS と組み合わせる方法とは異なり，NeRF のパラメータ自体や NeRF に入力する条件を拡散モデルで生成する手法も提案されている。これらの手法は，拡散モデルを多様な 3D 物体・シーンに対して学習させておき，生成時には拡散モデルの生成結果をそのまま 3D 表現として利用するため，SDS と比較して非常に高速な生成が可能である[81]。

GAUDI [93] は，「カメラポーズとシーンの潜在表現」で条件付けした NeRF[82] を学習させた上で，この条件を生成するための拡散モデルを学習させ，特に屋内のシーンについてランダムな生成および条件付き生成に成功している。また，Shap·E [94] では，ポイントクラウドを入力として NeRF のパラメータを出力するエンコーダと，そのパラメータをそのまま利用して 3D 表現を出力する NeRF をデコーダとしたオートエンコーダを学習させておき，前者のエンコーダの出力（あるポイントクラウドに相当する NeRF のパラメータ）を生成するテキスト条件付き拡散モデルを学習させることで，任意のテキストに対応する 3D モデルの生成を実現している。同様に，HyperDiffusion [95] では，多数の 3D 物体のデータセットを利用して，まず各物体に対応する NeRF を 1 つずつ学習させておき，そのパラメータを生成する拡散モデルを学習させることで，多数の 3D 物体の高速な生成を実現している。この手法では，3D 物体のアニメーションデータセットを用いて，各時刻における 3D 表現に相当する NeRF パラメータを用意することで，3D 物体に動きをつけて生成する 4D 生成拡散モデルも実現している。

[81] SDS では，ある物体・シーンに対応する 3D 表現を得るために毎回 1 つの NeRF を学習させる必要がある。

[82] 条件に応じて多様なシーン・画像をレンダリングできる。

おわりに

本稿では，拡散モデルのチュートリアルとして，CV 分野での拡散モデルの活用において重要と思われる技術を選りすぐって解説した。前半の 2 節と 3 節では，まず最も基本的な拡散モデルを定式化し，スコア・微分方程式の観点から見た解釈について紹介した。また，後半の 4〜6 節では，CV 分野での応用に焦点を絞り，テキストからの画像生成，学習済み拡散モデルの活用による画像生成の制御，動画や 3D への応用などのトピックについて紹介した。読者のみなさんが，拡散モデルの活用に関する最新の論文を読む際に，あるいは自ら活用を考える際に，本稿の解説が一助となれば幸いである。

参考文献

[1] 石井雅人. イマドキノ拡散モデル. コンピュータビジョン最前線 Summer 2023. 共立出版, 2023.

[2] Aditya Ramesh, et al. Hierarchical text-conditional image generation with clip latents. *arXiv preprint arXiv:2204.06125*, 2022.

[3] Robin Rombach, et al. High-resolution image synthesis with latent diffusion models. In *CVPR*, 2022.

[4] Jonathan Ho, et al. Denoising diffusion probabilistic models. In *NeurIPS*, 2020.

[5] Diederik Kingma, et al. Variational diffusion models. In *NeurIPS*, 2021.

[6] William Feller. On the theory of stochastic processes, with particular reference to applications. In *[First] Berkeley Symposium on Mathematical Statistics and Probability*, Vol. 1, pp. 403–433, 1949.

[7] Diederik P. Kingma and Max Welling. Auto-encoding variational Bayes. In *ICLR*, 2014.

[8] Calvin Luo. Understanding diffusion models: A unified perspective. *arXiv preprint arXiv:2208.11970*, 2022.

[9] Tim Salimans and Jonathan Ho. Progressive distillation for fast sampling of diffusion models. In *ICLR*, 2021.

[10] Tero Karras, et al. Elucidating the design space of diffusion-based generative models. In *NeurIPS*, 2022.

[11] Prafulla Dhariwal and Alexander Nichol. Diffusion models beat GANs on image synthesis. In *NeurIPS*, 2021.

[12] Tim Salimans, et al. PixelCNN++: Improving the PixelCNN with discretized logistic mixture likelihood and other modifications. In *ICLR*, 2017.

[13] Olaf Ronneberger, et al. U-net: Convolutional networks for biomedical image segmentation. In *MICCAI*, 2015.

[14] Yuxin Wu and Kaiming He. Group normalization. In *ECCV*, 2018.

[15] Ashish Vaswani, et al. Attention is all you need. In *NeurIPS*, 2017.

[16] Tero Karras, et al. A style-based generator architecture for generative adversarial

networks. In *CVPR*, 2019.

[17] Ethan Perez, et al. FiLM: Visual reasoning with a general conditioning layer. In *AAAI*, 2018.

[18] Yang Song, et al. Score-based generative modeling through stochastic differential equations. In *ICLR*, 2020.

[19] Brian D.O. Anderson. Reverse-time diffusion equation models. *Stochastic Processes and their Applications*, Vol. 12, No. 3, pp. 313–326, 1982.

[20] Pascal Vincent. A connection between score matching and denoising autoencoders. *Neural computation*, Vol. 23, No. 7, pp. 1661–1674, 2011.

[21] Jiaming Song, et al. Denoising diffusion implicit models. In *ICLR*, 2020.

[22] Gen Li, et al. Towards faster non-asymptotic convergence for diffusion-based generative models. *arXiv preprint arXiv:2306.09251*, 2023.

[23] Tim Dockhorn, et al. GENIE: Higher-order denoising diffusion solvers. In *NeurIPS*, 2022.

[24] Cheng Lu, et al. DPM-Solver: A fast ODE solver for diffusion probabilistic model sampling in around 10 steps. In *NeurIPS*, 2022.

[25] Luping Liu, et al. Pseudo numerical methods for diffusion models on manifolds. In *ICLR*, 2021.

[26] Jiaming Song, et al. Denoising diffusion implicit models. *arXiv preprint arXiv: 2010.02502*, 2020.

[27] Alex Nichol, et al. GLIDE: Towards photorealistic image generation and editing with text-guided diffusion models. *arXiv preprint arXiv:2112.10741*, 2021.

[28] Zhida Feng, et al. ERNIE-ViLG 2.0: Improving text-to-image diffusion model with knowledge-enhanced mixture-of-denoising-experts. In *CVPR*, 2023.

[29] Jonathan Ho, et al. Imagen Video: High definition video generation with diffusion models. *arXiv preprint arXiv:2210.02303*, 2022.

[30] Alec Radford, et al. Learning transferable visual models from natural language supervision. In *ICML*, 2021.

[31] Yogesh Balaji, et al. eDiff-I: Text-to-image diffusion models with an ensemble of expert denoisers. *arXiv preprint arXiv:2211.01324*, 2022.

[32] Amir Hertz, et al. Prompt-to-prompt image editing with cross attention control. In *ICLR*, 2023.

[33] Arash Vahdat, et al. Score-based generative modeling in latent space. In *NeurIPS*, 2021.

[34] Gautam Mittal, et al. Symbolic music generation with diffusion models. In *ISMIR*, pp. 468–475, 2021.

[35] Patrick Esser, et al. Taming transformers for high-resolution image synthesis. In *CVPR*, 2021.

[36] Jonathan Ho, et al. Cascaded diffusion models for high fidelity image generation. *J. Mach. Learn. Res.*, Vol. 23, pp. 47–1, 2022.

[37] Chitwan Saharia, et al. Photorealistic text-to-image diffusion models with deep language understanding. In *NeurIPS*, 2022.

[38] Ling Yang, et al. Diffusion models: A comprehensive survey of methods and applications. *arXiv preprint arXiv:2209.00796*, 2022.

[39] Andrew Brock, et al. Large scale GAN training for high fidelity natural image synthesis. In *ICLR*, 2019.

[40] Omri Avrahami, et al. Blended diffusion for text-driven editing of natural images. In *CVPR*, 2022.

[41] Chen H. Wu and Fernando De la Torre. Unifying diffusion models' latent space, with applications to CycleDiffusion and guidance. *arXiv preprint arXiv:2210.05559*, 2022.

[42] Maximilian Augustin, et al. Diffusion visual counterfactual explanations. In *NeurIPS*, 2022.

[43] Min Zhao, et al. EGSDE: Unpaired image-to-image translation via energy-guided stochastic differential equations. In *NeurIPS*, 2022.

[44] Alexandros Graikos, et al. Diffusion models as plug-and-play priors. In *NeurIPS*, 2022.

[45] Chitwan Saharia, et al. Image super-resolution via iterative refinement. *IEEE Trans. on PAMI*, Vol. 45, No. 4, pp. 4713–4726, 2022.

[46] Jonathan Ho and Tim Salimans. Classifier-free diffusion guidance. In *NeurIPS 2021 Workshop on DGMs and Downstream Apps.*, 2021.

[47] Chenlin Meng, et al. SDEdit: Guided image synthesis and editing with stochastic differential equations. In *ICLR*, 2021.

[48] Hyungjin Chung, et al. Come-Closer-Diffuse-Faster: Accelerating conditional diffusion models for inverse problems through stochastic contraction. In *CVPR*, 2022.

[49] Hyungjin Chung, et al. Diffusion posterior sampling for general noisy inverse problems. *arXiv preprint arXiv:2209.14687*, 2022.

[50] Jooyoung Choi, et al. ILVR: Conditioning method for denoising diffusion probabilistic models. In *ICCV*, 2021.

[51] Bahjat Kawar, et al. Denoising diffusion restoration models. In *NeurIPS*, 2022.

[52] Yinhuai Wang, et al. Zero-shot image restoration using denoising diffusion null-space model. In *ICLR*, 2023.

[53] Naoki Murata, et al. GibbsDDRM: A partially collapsed Gibbs sampler for solving blind inverse problems with denoising diffusion restoration. In *ICML*, 2023.

[54] Rinon Gal, et al. An image is worth one word: Personalizing text-to-image generation using textual inversion. In *ICLR*, 2022.

[55] Nataniel Ruiz, et al. DreamBooth: Fine tuning text-to-image diffusion models for subject-driven generation. In *CVPR*, 2023.

[56] Edward J. Hu, et al. LoRA: Low-rank adaptation of large language models. In *ICLR*, 2021.

[57] Nupur Kumari, et al. Multi-concept customization of text-to-image diffusion. In *CVPR*, 2023.

[58] Dani Valevski, et al. UniTune: Text-driven image editing by fine tuning an image generation model on a single image. In *SIGGRAPH*, 2023.

[59] Lvmin Zhang and Maneesh Agrawala. Adding conditional control to text-to-image

diffusion models. *arXiv preprint arXiv:2302.05543*, 2023.
[60] Jonathan Ho, et al. Video diffusion models. In *NeurIPS*, 2022.
[61] Uriel Singer, et al. Make-A-Video: Text-to-video generation without text-video data. *arXiv preprint arXiv:2209.14792*, 2022.
[62] Daquan Zhou, et al. MagicVideo: Efficient video generation with latent diffusion models. *arXiv preprint arXiv:2211.11018*, 2022.
[63] Andreas Blattmann, et al. Align your Latents: High-resolution video synthesis with latent diffusion models. In *CVPR*, 2023.
[64] He Yingqing, et al. Latent video diffusion models for high-fidelity long video generation. *arXiv preprint arXiv:2211.13221*, 2022.
[65] Sihyun Yu, et al. Video probabilistic diffusion models in projected latent space. In *CVPR*, 2023.
[66] Haomiao Ni, et al. Conditional image-to-video generation with latent flow diffusion models. In *CVPR*, 2023.
[67] Vikram Voleti, et al. MCVD: Masked conditional video diffusion for prediction, generation, and interpolation. In *NeurIPS*, 2022.
[68] Höppe Tobias, et al. Diffusion models for video prediction and infilling. *Transactions on Machine Learning Research*, 2022.
[69] William Harvey, et al. Flexible diffusion modeling of long videos. In *NeurIPS*, 2022.
[70] Kangfu Mei and Vishal M. Patel. VIDM: Video implicit diffusion models. In *AAAI*, 2023.
[71] Zhengxiong Luo, et al. VideoFusion: Decomposed diffusion models for high-quality video generation. In *CVPR*, 2023.
[72] Ben Poole, et al. DreamFusion: Text-to-3D using 2D diffusion. In *ICLR*, 2023.
[73] Geoffrey Roeder, et al. Sticking the landing: Simple, lower-variance gradient estimators for variational inference. In *NeurIPS*, 2017.
[74] Jonathan T. Barron, et al. Mip-NeRF 360: Unbounded anti-aliased neural radiance fields. In *CVPR*, 2022.
[75] Chen-Hsuan Lin, et al. Magic3D: High-resolution text-to-3D content creation. In *CVPR*, 2023.
[76] Chen Rui, et al. Fantasia3D: Disentangling geometry and appearance for high-quality text-to-3D content creation. *arXiv preprint arXiv:2303.13873*, 2023.
[77] Wang Zhengyi, et al. ProlificDreamer: High-fidelity and diverse text-to-3D generation with variational score distillation. *arXiv preprint arXiv:2305.16213*, 2023.
[78] Congyue Deng, et al. NeRDi: Single-view NeRF synthesis with language-guided diffusion as general image priors. *arXiv preprint arXiv:2212.03267*, 2022.
[79] Susung Hong, et al. Debiasing scores and prompts of 2D diffusion for robust text-to-3D generation. In *CVPR workshop on Generative Models for Computer Vision*, 2023.
[80] Mohammadreza Armandpour, et al. Re-imagine the negative prompt algorithm: Transform 2D diffusion into 3D, alleviate Janus problem and beyond. *arXiv preprint arXiv:2304.04968*, 2023.
[81] Ruoshi Liu, et al. Zero-1-to-3: Zero-shot one image to 3D object. *arXiv preprint*

arXiv:2303.11328, 2023.

[82] Junyoung Seo, et al. Let 2D diffusion model know 3D-consistency for robust text-to-3D generation. *arXiv preprint arXiv:2303.07937*, 2023.

[83] Zhizhuo Zhou and Shubham Tulsiani. SparseFusion: Distilling view-conditioned diffusion for 3D reconstruction. In *CVPR*, 2023.

[84] Matt Deitke, et al. Objaverse: A universe of annotated 3D objects. *arXiv preprint arXiv:2212.08051*, 2022.

[85] Shitong Luo and Wei Hu. Diffusion probabilistic models for 3D point cloud generation. In *CVPR*, pp. 2837–2845, 2021.

[86] Xiaohui Zeng, et al. LION: Latent point diffusion models for 3D shape generation. In *NeurIPS*, 2022.

[87] Alex Nichol, et al. Point-E: A system for generating 3D point clouds from complex prompts. *arXiv preprint arXiv:2212.08751*, 2022.

[88] Liu Zhen, et al. MeshDiffusion: Score-based generative 3D mesh modeling. In *ICLR*, 2023.

[89] Xin-Yang Zheng, et al. Locally attentional SDF diffusion for controllable 3D shape generation. *ACM Transactions on Graphics (SIGGRAPH)*, Vol. 42, No. 4, 2023.

[90] Yuhan Li, et al. Generalized deep 3D shape prior via part-discretized diffusion process. In *CVPR*, 2023.

[91] Yen-Chi Cheng, et al. SDFusion: Multimodal 3D shape completion, reconstruction, and generation. In *CVPR*, 2023.

[92] Muheng Li, et al. Diffusion-SDF: Text-to-shape via voxelized diffusion. In *CVPR*, 2023.

[93] Miguel Ángel Bautista, et al. GAUDI: A neural architect for immersive 3D scene generation. In *NeurIPS*, 2022.

[94] Heewoo Jun and Alex Nichol. Shap-E: Generating conditional 3D implicit functions. *arXiv preprint arXiv:2305.02463*, 2023.

[95] Erkoç Ziya, et al. HyperDiffusion: Generating implicit neural fields with weight-space diffusion. *arXiv preprint arXiv:2303.17015*, 2023.

いしい まさと（株式会社ソニーリサーチ）
はやかわ あきお（株式会社ソニーリサーチ）

君も魔法をかけてみよう！

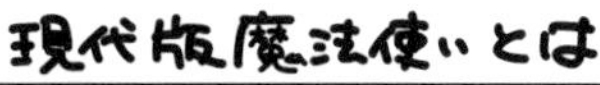

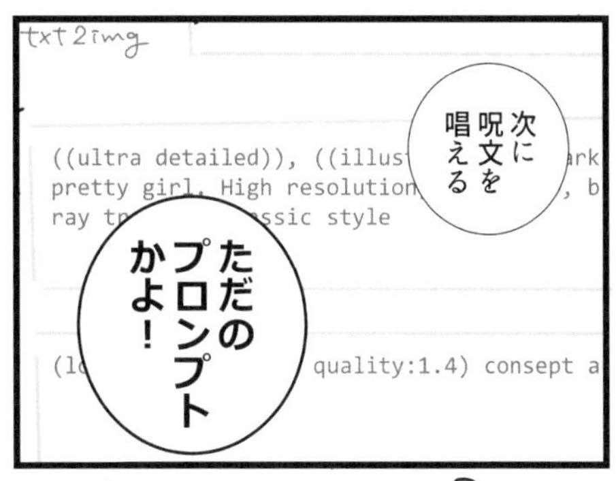

ヒーローになれたなら

春嵐 作／松井勇佑 編

（マンガ寄稿者募集中！　寄稿をご希望の方は東京大学松井勇佑〈matsui@hal.t.u-tokyo.ac.jp〉までご一報ください）

CV イベントカレンダー

名 称	開催地	開催日程	投稿期限
『コンピュータビジョン最前線 Winter 2023』12/10 発売			
NeurIPS 2023（Conference on Neural Information Processing Systems）国際 neurips.cc	New Orleans, LA, USA	2023/12/10～12/16	2023/5/17
SIGGRAPH Asia（ACM SIGGRAPH Conference and Exhibition on Computer Graphics and Interactive Techniques in Asia）国際 asia.siggraph.org/2023	Sydney, Australia	2023/12/12～12/15	2023/5/24
WACV 2024（IEEE/CVF Winter Conference on Applications of Computer Vision）国際 wacv2024.thecvf.com	Hawaii, USA	2024/1/4～1/8	2023/6/28
情報処理学会 CVIM 研究会/電子情報通信学会 PRMU 研究会［電子情報通信学会 MVE 研究会/VR 学会 SIG-MR 研究会と連催，1 月度］国内 ken.ieice.org/ken/program/index.php?tgid=IPSJ-CVIM	慶應義塾大学 日吉キャンパス	2024/1/25～1/26	2023/11/17
AAAI-24（AAAI Conference on Artificial Intelligence）国際 aaai.org/aaai-conference	Vancouver, Canada	2024/2/20～2/27	2023/8/15
情報処理学会 CVIM 研究会/電子情報通信学会 PRMU 研究会［IBISML 研究会と連催，3 月度］国内 ken.ieice.org/ken/program/index.php?tgid=IPSJ-CVIM	広島近郊	2024/3/3～3/4	2024/1/5
DIA2024（動的画像処理実利用化ワークショップ）国内 www.tc-iaip.org/dia/2024	別府国際コンベンションセンター	2024/3/4～3/5	2023/12/8
電子情報通信学会 2024 年総合大会 国内 www.ieice.org/jpn_r/activities/taikai/general/2024/	広島大学 東広島キャンパス	2024/3/4～3/8	2024/1/5
『コンピュータビジョン最前線 Spring 2024』3/10 発売			
情報処理学会第 86 回全国大会 国内 www.ipsj.or.jp/event/taikai/86/index.html	神奈川大学横浜キャンパス ＋オンライン	2024/3/15～3/17	2024/1/12
3DV 2024（International Conference on 3D Vision）国際 3dvconf.github.io/2024	Davos, Swizerland	2024/3/18～3/21	2023/8/7
ICASSP 2024（IEEE International Conference on Acoustics, Speech, and Signal Processing）国際 2024.ieeeicassp.org	Seoul, Korea	2024/4/14～4/19	2023/9/6
AISTATS 2024（International Conference on Artificial Intelligence and Statistics）国際 aistats.org/aistats2024/	Valencia, Spain	2024/5/2～5/4	2023/10/16

名　称	開催地	開催日程	投稿期限
ICLR 2024 (International Conference on Learning Representations) 国際 iclr.cc	Vienna, Austria	2024/5/7～5/11	2023/9/28
CHI 2024 (ACM CHI Conference on Human Factors in Computing Systems) 国際 chi2024.acm.org	Honolulu, Hawaii ＋Online	2024/5/11～5/16	2023/9/14
ICRA 2024 (IEEE International Conference on Robotics and Automation) 国際 2024.ieee-icra.org/index.html	Yokohama, Japan	2024/5/13～5/17	2023/9/15
WWW 2024 (ACM Web Conference) 国際 www2024.thewebconf.org	Singapore	2024/5/13～5/17	2023/10/12
SCI' 24（システム制御情報学会研究発表講演会）国内 sci24.iscie.or.jp	大阪工業大学 梅田キャンパス	2024/5/24～5/26	2024/1の 範囲で未定
JSAI2024（人工知能学会全国大会）国内 www.ai-gakkai.or.jp/jsai2024	アクトシティ浜松 ＋オンライン	2024/5/28～5/31	2024/2/12
情報処理学会 CVIM 研究会/電子情報通信学会 PRMU 研究会［連催，5月度］国内	未定	未定	未定
『コンピュータビジョン最前線　Summer 2024』6/10 発売			
ICMR 2024 (ACM International Conference on Multimedia Retrieval) 国際 icmr2024.org	Phuket, Thailand	2024/6/10～6/13	2024/2/1
SSII2024（画像センシングシンポジウム）国内	パシフィコ横浜 ＋オンライン	2024/6/12～6/14	未定
NAACL 2024 (Annual Conference of the North American Chapter of the Association for Computational Linguistics) 国際 2024.naacl.org	Mexico City, Mexico	2024/6/16～6/21	2023/12/15
CVPR 2024 (IEEE/CVF International Conference on Computer Vision and Pattern Recognition) 国際 cvpr.thecvf.com/Conferences/2024	Seattle, USA	2024/6/17～6/21	2023/11/17
ICME 2024 (IEEE International Conference on Multimedia and Expo) 国際 2024.ieeeicme.org	Niagara Falls, Canada	2024/7/15～7/19	2023/12/15
ICML 2024 (International Conference on Machine Learning) 国際 icml.cc	Vienna, Austria	2024/7/21～7/27	2024/2/1
ICCP 2024 (International Conference on Computational Photography) 国際 iccp-conference.org/iccp2024	Lausanne, Switzerland	2024/7/22～7/24	T. B. D.
SIGGRAPH 2024 (Premier Conference and Exhibition on Computer Graphics and Interactive Techniques) 国際	Denver, USA ＋Online	2024/7/28～8/1	T. B. D.
IJCAI-24 (International Joint Conference on Artificial Intelligence) 国際 www.ijcai24.org	Jeju, South Korea	2024/8/3～8/9	2024/1/17

名　称	開催地	開催日程	投稿期限
MIRU2024（画像の認識・理解シンポジウム）[国内] miru-committee.github.io/miru2024/	熊本城ホール	2024/8/6〜8/9	未定
ACL 2024（Annual Meeting of the Association for Computational Linguistics）[国際] 2024.aclweb.org	Bangkok, Thailand	2024/8/12〜8/17	T. B. D.
Interspeech 2024（Interspeech Conference）[国際] interspeech2024.org	Greece	2024/9/1〜9/5	2024/3/2
FIT2024（情報科学技術フォーラム）[国内] www.ipsj.or.jp/event/fit/fit2024/	広島工業大学 五日市キャンパス ＋オンライン	2024/9/4〜9/6	未定
『コンピュータビジョン最前線　Autumn 2024』9/10 発売			
ECCV 2024（European Conference on Computer Vision）[国際] eccv2024.ecva.net	Milano, Italy	2024/9/29〜10/4	2024/3/7
UIST 2024（ACM Symposium on User Interface Software and Technology）[国際]	Pittsburgh, PA, USA	2024/10/13〜10/16	T. B. D.
IROS 2024（IEEE/RSJ International Conference on Intelligent Robots and Systems）[国際] iros2024-abudhabi.org	Abu Dhabi, UAE	2024/10/14〜10/18	T. B. D.
ISMAR 2024（IEEE International Symposium on Mixed and Augmented Reality）[国際] www.ismar.net	Great Seattle Area, USA	2024/10/21〜10/25	T. B. D.
ICIP 2024（IEEE International Conference on Image Processing）[国際] 2024.ieeeicip.org	Abu Dhabi, UAE	2024/10/27〜10/30	2024/2/1
ACM MM 2024（ACM International Conference on Multimedia）[国際] 2024.acmmm.org	Melbourne, Australia	2024/10/28〜11/1	2024/4/12
IBIS2024（情報論的学習理論ワークショップ）[国内]	埼玉ソニックシティ	2024/11/4〜11/7	未定
ICPR 2024（International Conference on Pattern Recognition）[国際] icpr2024.org	Kolkata, India	2024/12/1〜12/5	2024/3/20
ACM MM Asia 2024（ACM Multimedia Asia）[国際] www.acmmmasia.org	Auckland, New Zealand	2024/12/4〜12/6	2024/7/22
SICE 2024（SICE Annual Conference）[国際]	T. B. D.	T. B. D.	T. B. D.
CoRL 2024（Conference on Robot Learning）[国際]	T. B. D.	T. B. D.	T. B. D.

名　称	開催地	開催日程	投稿期限
情報処理学会 CVIM 研究会/電子情報通信学会 PRMU 研究会［DCC 研究会，CGVI 研究会と連催，11 月度］ 国内	未定	未定	未定
ViEW2024（ビジョン技術の実利用ワークショップ） 国内	未定	未定	未定
RSS 2024（Conference on Robotics: Science and Systems） 国際	T. B. D.	T. B. D.	T. B. D.
KDD 2024（ACM SIGKDD Conference on Knowledge Discovery and Data Mining） 国際	T. B. D.	T. B. D.	T. B. D.

2023 年 11 月 7 日現在の情報を記載しています。最新情報は掲載 URL よりご確認ください。また，投稿期限はすべて原稿の提出締切日です。多くの場合，概要や主題の締切は投稿期限の 1 週間程度前に設定されていますのでご注意ください。

Google カレンダーでも本カレンダーを公開しています。ぜひご利用ください。
tinyurl.com/bs98m7nb

編集後記

『コンピュータビジョン最前線（CV 最前線）』の刊行も今回で丸２年になる。シリーズ立ち上げ時，必死になって企画に著者集めに奔走した日々から比較的長い時間が経ち，毎週の勢いで行っていた編集委員の企画会議も，最近では３ヶ月に１回，出版の直前に行われるのみとなった。刊行当初と比べると，とても「楽に」運営が可能な状態まで持ってくることができている。効率的に物事を進めるということに賛否はあるだろうが，研究者としては，大体においてこういった状態は悪い兆候であると捉えておきたい。つまり，企画がありきたりなものになっている可能性が考えられる。実際，編集委員会では，まさに現在進行形で新しい編集委員を入れつつ，新企画を準備している最中である。今回，新企画を誌面に入れるには及ばなかったが，近いうちに新しい風を吹かせることができる，と確信している。一方で，自らの研究（仕事とも置き換えられる）に関しても「これで良いのだろうか？」と常に振り返りをしておきたい。世の常であるが，新しいと思うような研究は，裏を返せばすぐに賞味期限が切れ，さらに新しい研究に置き換えられる傾向にある。ひとたび世に出ると以降はずっと忘れ去られる「古臭い」研究にはならず,「古き良き」研究となるためには,多くのメンバーが自然とそのプロジェクトに参加して，研究自体が磨かれ続けていなければならない。そうすることで，プロジェクト自体がよく見えるようになると考える。「最前線」とはいいつつも，いつか『CV 最前線』が過去のものとして振り返られ，「古き良き」書籍と思われる時はくるのだろうか。今はただ，それを信じて企画するのみである。

片岡裕雄（産業技術総合研究所）

次刊予告（Spring 2024／2024 年 3 月刊行予定）

巻頭言（延原章平）／イマドキノ デザイン生成（山口光太）／フカヨミ 様々な入力と人物状態推定（五十川麻理子）／フカヨミ レイアウト生成（井上直人）／フカヨミ AI に潜むバイアス（中島悠太・廣田裕亮・Noa Garcia）／ニュウモン Data-Centric AI（宮澤一之）／マンガ：タイトル未定

コンピュータビジョン最前線 Winter 2023

2023 年 12 月 10 日 初版 1 刷発行

編　者　井尻善久・牛久祥孝・片岡裕雄・藤吉弘亘・延原章平
発行者　南條光章
発行所　**共立出版株式会社**
〒112-0006 東京都文京区小日向 4-6-19 電話 03-3947-2511（代表）
振替口座 00110-2-57035
www.kyoritsu-pub.co.jp

本文制作　㈱グラベルロード
印　刷
製　本　大日本法令印刷

検印廃止
NDC 007.13
ISBN 978-4-320-12550-6

一般社団法人
自然科学書協会
会員

Printed in Japan